SHUPEIDIAN XIANLU CELIANG YITIHUA SHICAO PEIXUN JIAOCAI

输配电线路测量一体化
实操培训教材

陈宣林　主编

中国电力出版社
CHINA ELECTRIC POWER PRESS

内 容 提 要

　　本书图文并茂地讲述了输配电线路测量的重点和难点知识，内容涉及输配电线路施工、维护及检修测量中的各个环节，具有很强的现场实操性。

　　全书共十章，主要包括经纬仪的基本知识、经纬仪的安置、角度测量、视距和高差测量、杆塔复测定位测量、杆塔基础分坑测量、杆塔基础操平找正测量、杆塔倾斜测量、交叉跨越测量和弧垂观测及检查测量。

　　本书既可用作输配电线路专业的实验教材，也可作为施工、运维单位的培训教材，还可作为输电线路测量爱好者的自学教材。

图书在版编目（CIP）数据

输配电线路测量一体化实操培训教材 / 陈宣林主编. —北京：中国电力出版社，2023.1
ISBN 978-7-5198-7213-7

Ⅰ. ①输… Ⅱ. ①陈… Ⅲ. ①输配电线路–线路测量–技术培训–教材 Ⅳ. ①TM726

中国版本图书馆 CIP 数据核字（2022）第 207482 号

出版发行：中国电力出版社
地　　址：北京市东城区北京站西街 19 号（邮政编码 100005）
网　　址：http://www.cepp.sgcc.com.cn
责任编辑：薛　红
责任校对：黄　蓓　常燕昆
装帧设计：郝晓燕
责任印制：石　雷

印　　刷：廊坊市文峰档案印务有限公司
版　　次：2023 年 1 月第一版
印　　次：2023 年 1 月北京第一次印刷
开　　本：710 毫米×1000 毫米　16 开本
印　　张：7.5
字　　数：108 千字
印　　数：0001—1000 册
定　　价：42.00 元

编 委 会

主 编　陈宣林

副 主 编　兰兴伟　蒋先启

编写人员　尤志鹏　刘德军　王辉林

　　　　　赵红伟　石利荣　张林华

　　　　　杨得举　黄俞搏　罗　艺

　　　　　高　俊　曾俊涛　周利奎

　　　　　母其威　高　锋　严光强

　　　　　张海东

前言

架空输电线路测量技术在我国电力行业不断发展的过程中，起到了重要作用。测量技术在线路设计、施工及后期运行中得到广泛的应用。输电线路投运后运行维护是保证电网安全运行的关键，经纬仪就是测量技术必需的基本工具。

强化输电人员技能培训，切实提升人员的技能水平，是企业发展的需要，也是自身技能提升的个人需求。经纬仪的操作，贯穿于施工和运维的全过程，是对输电人员一项基本技能的考验和基本要求。同时，也是岗位胜任能力评价与岗位晋升的必考科目。本书是结合长期教学研究和实践经验编制而成的，以作者多年的教学讲义、线路施工经验和运维心得为基础，主要对 J2、J6 型光学经纬仪作了详细介绍，并对 J2、J6 型光学经纬仪的构造、原理和使用进行了系统讲解，强调了在输配电线路施工和运维中的基础测量方法、操作步骤和计算步骤。

本书深入浅出，涉及输配电线路施工、维护及检修测量中的各个环节，具有很强的现场操作性，结合大量图片介绍，对输配电线路中测量的一些重点、难点知识进行了细致阐述。本书既可用作输配电线路专业的实验教材，也可作为施工、运维单位的培训教材，还可作为输电线路测量爱好者的自学教材。

因编写时间有限，书中难免存在不妥或疏漏之处，恳请各位读者批评指正，以便进一步完善。

本书编委会

2022 年 10 月

目录

第一章 经纬仪的基本知识

第一节 测量的基本知识

> **知识目标：**了解测量的基本知识。
>
> **学习重点：**掌握测量在输配电线路施工及运行维护中的作用。

一、测量的概念

（1）测量是劳动人民在长期的生产实践中发明创造的一种应用科学，是一门学科。它的主要任务是测定和测设。

1）测定：对已知地形、地物等情况进行测量，将其按一定比例真实反映在图纸上、以供建设、规划、科研等用。

2）测设：把图纸上规划设计好的工程图样或建筑物测设在地面上，作为施工的依据。

（2）测量的主要范围。

1）大地测量：在超大区域或整个地球测量它的形状和大小，并考虑地球的曲率和重力等影响。

2）工程测量：按工程建设的程序主要分为工程设计测量、工程施工测量、工程运维测量，按服务对象分为工业及民用建筑测量、铁路公路测量、桥梁隧道测量、矿山及地下工程测量、输电线路与输油管道测量、城市和国防工程测量等。

3）摄影测量：从非接触成像系统，通过记录、量测、分析与表达等处理，获取地球及其环境和其他物体的几何、属性等可靠信息的工艺、科学与技术。

按照成像距离的不同，摄影测量可分为航天摄影测量、航空摄影测量、近景摄影测量和显微摄影测量等。

（3）测量的三要素：高差、角度和距离。

（4）名词概念。

1）铅垂线：重力方向线就是铅垂线。

2）水平线：与铅垂线正交的直线称为水平线。

3）水平面：与铅垂线正交的平面称为水平面。

4）水准面：海水面或湖泊在没有风浪、潮汐影响而处于静止状态时称为水准面。

5）高程：分为绝对高程和相对高程。绝对高程是指地面点投影到大地水准面的铅垂距离。相对高程是假设一个水准面作为高程的取算面，地面点到这个假设水准面的铅垂距离。

6）高差：地面上两点高程的差值称为高差。

7）坐标：能够确定一个点在空间的位置的一个或一组数据。

二、测量在输配电线路中的主要应用

（1）设计阶段：对线路进行实地测量，绘制平断面图。

（2）施工阶段：将设计图纸进行施工放样，复测定位、分坑、基础操平找正、杆塔校正、导地线弧垂观测放样测量。

（3）验收阶段：基础检查、杆塔倾斜检查、导地线弧垂检查、交叉跨越检查测量。

（4）运维阶段：基础滑坡沉降观测、杆塔倾斜、弧垂调整观测、交叉跨越测量。

第二节　经纬仪的基本构造及原理

知识目标：掌握经纬仪的基本构造及原理。

学习重点：熟悉 J2 级经纬仪的主要构成及各部件的特点。

一、经纬仪的基本知识

1. 经纬仪的用途

（1）控制测量时测量水平角和垂直角。

（2）工程测量时测量水平角、垂直角、距离和高差。

2. 经纬仪的分类

（1）按精度分为精密光学经纬仪和普通光学经纬仪。

（2）典型 J2 型光学经纬仪的型号：苏州光学仪器厂的 JGJ2 经纬仪、北京光学仪器厂的 DJ2 经纬仪、瑞士威特厂的 T2 经纬仪、德国蔡司厂的 010 经纬仪；典型 J1 型光学经纬仪的型号：瑞士威特厂的 T3 经纬仪、瑞士克恩厂的 DKM3 经纬仪。

（3）我国光学经纬仪的系列分为 DJ0.7、DJ1、DJ2、DJ6 等规格，字母含义：“D”表示大地测量，“J”表示经纬仪；数字含义：0.7、1、2、6 是仪器的精度等级，即该仪器的一测回水平方向的中误差，用秒表示。

二、光学经纬仪的基本结构及原理

1. 经纬仪光学系统

经纬仪光学系统结构示意图如图 1–1 所示。

2. 主要结构

经纬仪光学系统主要结构由基座、水平度盘和照准部三大部分组成。下面着重介绍 J2 级光学经纬仪。

（1）基座：由轴座、脚螺旋和连接板组成。转动脚螺旋可使照准部的水准器居中，使竖轴铅锤和度盘水平，连接螺栓可使仪器与三脚架固连在一起。基座如图 1–2 所示。

（2）水平度盘：由水平度盘和度盘变换手轮组成。水平底盘如图 1–3 所示。

（3）照准部：由望远镜、读数设备、度盘、水准器、横轴和支架等部分组成，如图 1–4 所示。

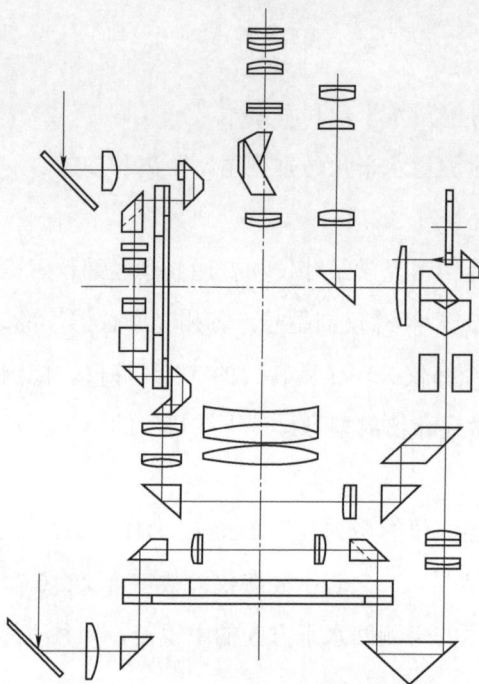

图 1-1 经纬仪光学系统结构示意图

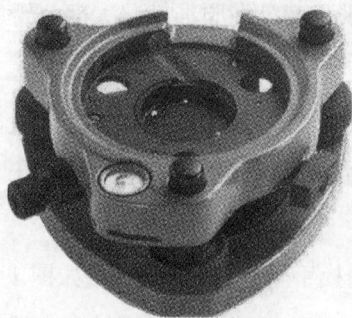

图 1-2 基座实物图

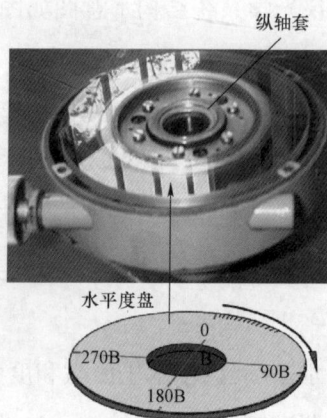

图 1-3 水平度盘实物图

3. 主要部件的作用及原理

J2 型经纬仪主要部件构成图如图 1-5 和图 1-6 所示。

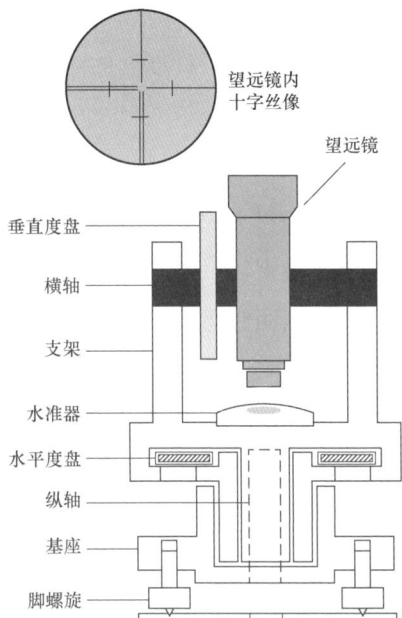

图 1-4　照准部

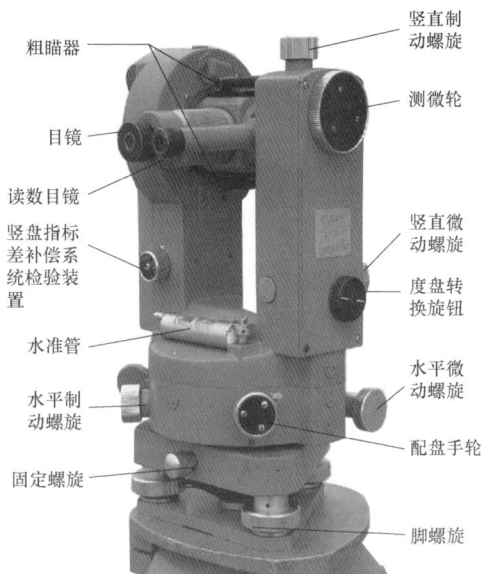

图 1-5　J2 型经纬仪主要部件构成图（一）

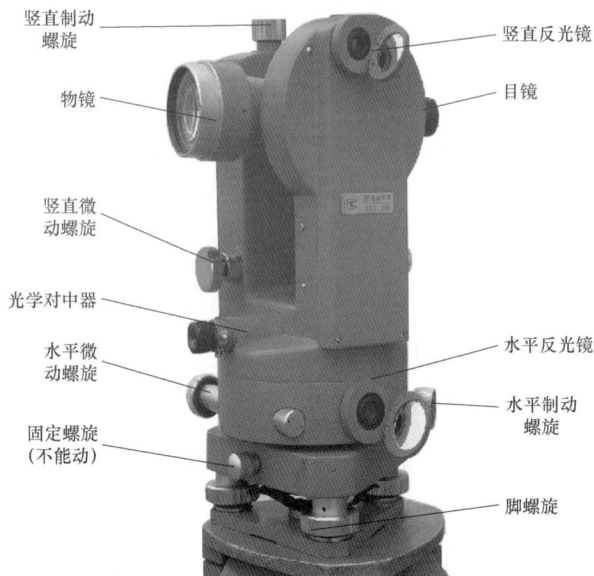

图 1-6　J2 型经纬仪主要部件构成图（二）

（1）水平度盘变换螺旋：由于精密光学经纬仪的读数精度较高，所以没有必要设置复测装置，为了变换水平度盘的整置位置，设有水平度盘变换螺旋，即配盘手轮。

（2）度盘影像变换螺旋（度盘转换旋钮）：水平度盘和垂直度盘的对径分划，通过光学系统，都成像在同一个读数目镜的焦面上，但从读数目镜中每次只能看到其中一个度盘的对径分划像，为了使水平度盘和垂直度盘共用一个光学测微器进行读数，以测定水平角和垂直角，为此，仪器上装有度盘影像变换螺旋。螺旋上有一刻线，当刻线位置水平时读数显微镜视场上呈现水平度盘分划像，垂直时呈现垂直度盘分划像。因此，在观测中利用它可以按需要使水平度盘或垂直度盘交替成像于读数显微镜视场中。

（3）光学测微器（测微轮）：是度盘读数的测微装置，用它来测定度盘上不足半格角值的微小读数，转动测微轮可以看到度盘上下两部分影像相对移动，同时测微尺影像也在移动，直到度盘上下两部分影像精确重合，才能读数。

（4）望远镜：主要作用是观察远处目标并进行精确瞄准，它主要由物镜、目镜、十字丝网和调焦透镜组成。望远镜的物镜和目镜，是将来自目标的光线经过透镜折射成像，为了能够照准目标，在望远镜内安装有十字丝网，十字丝的竖丝应垂直，横丝应水平，十字丝的中心与望远镜中心的连线称为视准轴。为了能够正确照准目标，目标像必须正好落在十字丝网平面上，当目标影像移至十字丝中心时，不论观测者眼睛位置如何，目标像与十字丝关系位置不变，否则，随着观测者眼睛位置的移动，目标像就会离开十字丝中心，从而不能正确照准目标，产生视差，为了消除视差，在望远镜的物镜的目镜之间安装一个调焦透镜，通过调焦改变目标像的位置，因此，可根据不同人的视力，先调整好目镜，使十字丝清晰，从而消除视差。

（5）水准器：是用来指示仪器的某一轴线处于水平或铅锤位置的器具。主要分为圆水准器和管水准器，圆水准器主要用来调节仪器粗平，管水准器用来调节仪器的精平，垂直轴的垂直，是依靠照准部上的管水准器来实现的。水准器的精度主要由水准器的格值来衡量，所谓格值，就是管面也是一个分格的宽度（2mm）所对水准管内壁纵向圆弧的圆心角之值。J2 型经纬仪照准部水准器的格值约为 20″/2mm。

（6）补偿器：水准器质量一方面受外界条件影响较大，另一方面在操作过程中要使气泡居中或符合，尤其对灵敏度较高的仪器来说，是一件费时的工作，因此解决的办法是在仪器内部设置自动补偿器来自动控制仪器的视线，使之处于水平位置，即当望远镜倾斜时，仪器内部的补偿器使望远镜十字丝中心自动移至水平视线位置，从而使望远镜视准轴与水平视线相重合，此时仪器的视线就恢复水平了。

（7）制动和微动：分为水平方向制动和微动、竖直方向制动和微动，当仪器需要大范围调节照准时，可用手来控制仪器，快接近目标时利用制动固定，再用微动螺旋精确瞄准。注意，当仪器未制动时不能使用微动螺旋，微动螺旋只能有一定的调节范围，不能过度调节。

第三节 经纬仪的误差及检验

知识目标：掌握经纬仪的误差来源、消减方法、主要检验项目。

技能目标：熟练掌握经纬仪的主要检验项目操作步骤。

学习重点：熟悉经纬仪的主要检验项目操作步骤，判定经纬仪是否要进行校正及修理。

一、基本概念

（1）误差的来源：仪器误差、观测误差、外界条件影响。

（2）仪器误差分为：仪器制造不完善误差、仪器校正不完善误差。

（3）观测误差：仪器对中误差、目标偏心误差、照准误差及读数误差。

（4）外界条件影响：温度影响仪器的轴线关系、大风影响仪器和目标的稳定、大气折光使视线不是一条直线、空气能见度影响照准精度、地面的坚实度影响仪器的稳定。

二、误差的分类

误差分为系统误差（出现误差的大小或符号表现出某种规律性）和偶然误差（出现误差的大小或符号表现出某种偶然性）两类。注意：观测时由于人或仪器的因素而造成的错误不属于误差。

三、误差的消减方法

（1）消减系统误差的方法：仪器经检校；求出某些误差大小，对测量值加以改正；采用对称观测方法（如正倒镜法）。

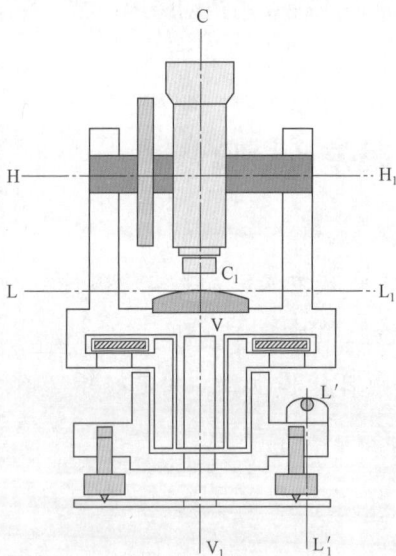

图1-7　经纬仪的轴线关系图

（2）偶然误差的消减方法：采用先进仪器或提高仪器精度；增加观测值的个数或次数。

（3）经纬仪的轴线应满足的条件。

1）水准管轴垂直于竖轴：$LL_1 \perp VV_1$。

2）圆水准轴平行于竖轴：$L'L_1' /\!/ VV_1$。

3）十字丝纵丝垂直于横轴：纵丝$\perp HH_1$。

4）视准轴垂直于横轴：$CC_1 \perp HH_1$。

5）横轴垂直于竖轴：$HH_1 \perp VV_1$。

经纬仪的轴线关系图如图1-7所示。

四、检测项目

（1）照准部水准管轴是否垂直于竖轴的检验。

（2）望远镜十字丝板的竖丝是否铅锤的检验。

（3）望远镜视准轴是否垂直于横轴的检验。

（4）横轴是否垂直于竖轴的检验。

（5）光学对点器的检验。

（6）照准部旋转正确性的检验。

（7）照准部旋转时是否带动仪器基座变动的检验。

（8）竖盘指标差的检验。

五、操作方法及步骤

（1）照准部水准管轴是否垂直于竖轴的检验：将仪器精确整平，转动仪器使水准管平行于两个整平螺旋，调整整平螺旋使水准管气泡居中，然后旋转仪器180°，再看水准管气泡是否居中，若气泡偏离于某一侧而不居中，则说明水准管轴不垂直于竖轴，应进行校正。水准管轴是否垂直于竖轴的检验如图1-8所示。

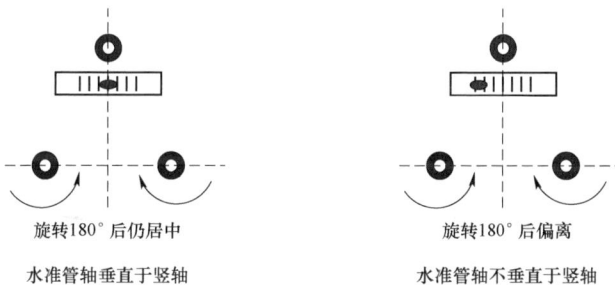

旋转180°后仍居中　　　　　　　　旋转180°后偏离

水准管轴垂直于竖轴　　　　　　　　水准管轴不垂直于竖轴

图1-8　水准管轴是否垂直于竖轴的检验

（2）望远镜十字丝板的竖丝是否铅垂的检验：将仪器整平，使望远镜十字丝竖丝上端瞄准远处一明显目标，制动望远镜，利用垂直微动慢慢上下移动，看竖丝是否偏离固定点，若竖丝偏离固定点，则说明竖丝倾斜，应进行校正。十字丝板的竖丝是否铅垂的检验如图1-9所示。

（3）望远镜视准轴是否垂直于横轴的检验：将仪器整平，用望远镜竖丝在盘左和盘右位置先后瞄准约与仪器同高的同一目标，设盘左时水平度盘的读数为 α_1，盘右时水平度盘的读数为 α_2，若 $\alpha_1 - \alpha_2 \neq 180°$，则说明视准轴不垂直于横轴，差值简称 2C 互差，若超限应进行校正。

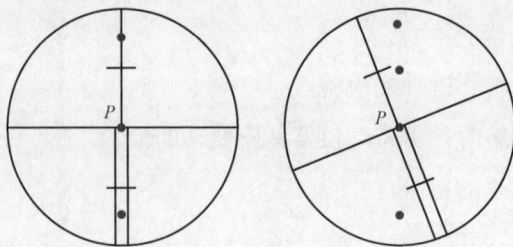

图1-9　十字丝板的竖丝是否铅垂的检验

（4）横轴是否垂直于竖轴的检验：将仪器整平，在距离仪器20～30m远处选择一个仰角不小于30°的目标A，盘左瞄准A点，仪器水平制动，然后向下转动望远镜，瞄准A点下方与仪器等高的一根标尺，读数为M1，盘右瞄准A点，仪器水平制动，然后向下转动望远镜，瞄准A点下方与仪器等高的一根标尺，读数为M2，若M1与M2两点不重合，应进行校正。横轴是否垂直于竖轴的检验如图1-10所示。

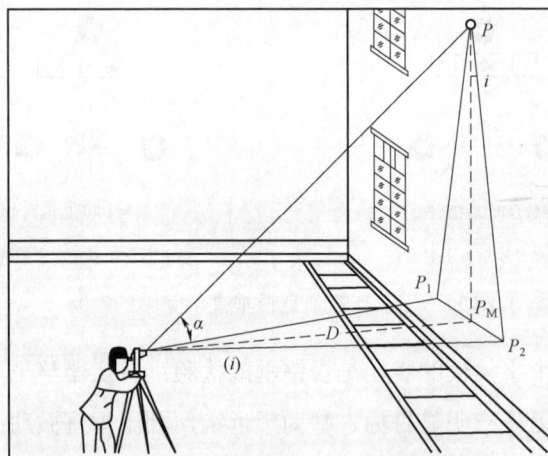

图1-10　横轴是否垂直于竖轴的检验

（5）光学对点器的检验：安置经纬仪，对中整平后，将照准部旋转180°，若点位偏离圆心0.5mm以上，应进行校正。

（6）照准部旋转正确性的检验：精确整平仪器，将水平度盘配置到0°，读记水准管气泡两端的读数（至0.1格）；顺时针方向旋转照准部，每旋转45°读记水准管气泡位置一次，连续顺转三周；逆时针方向旋转照准部，每旋转45°

读记水准管气泡位置一次，连续逆转三周；比较各位置的气泡读数互差，J2 级仪器不超过 1 格，超过应进行修理。

（7）照准部旋转时是否带动仪器基座变动的检验：精确整平仪器，瞄准一个清晰目标，先顺转仪器一周后瞄准目标，读记水平角读数 α_1，再顺转仪器一周后瞄准目标，读记水平角读数 α_2，计算 $\alpha_1 - \alpha_2$ 的差值；逆转仪器一周后瞄准目标，读记水平角读数 β_1，再顺转仪器一周后瞄准目标，读记水平角读数 β_2，计算 $\beta_1 - \beta_2$ 的差值；上述步骤为一测回，连续测 10 个测回，取 10 个测回得平均值，J2 级仪器超过 1″，应进行调整及修理。

（8）竖盘指标差的检验：精确整平仪器，分别用盘左和盘右照准远处大致水平的一个固定目标，使竖盘水准管气泡居中，垂直角读数分别为盘左 L 和盘右 R，则竖盘指标差 $i = \dfrac{L + R - 360^\circ}{2}$，J2 级仪器超过 10″，应进行校正。注意：竖盘指标自动归零的光学经纬仪没有竖盘水准管，而是利用自动补偿装置来代替，因此这项指标不需要进行检验。

第二章 经纬仪的安置

第一节 经纬仪的安置

> **知识目标：**掌握经纬仪对中、整平、对光及瞄准。
> **技能目标：**熟练掌握经纬仪的安置方法及使用注意事项。
> **学习重点：**掌握经纬仪的操作步骤及规范性。

一、基本概念

1. 对中

对中就是将经纬仪水平度盘的中心安置在所测角的顶点铅垂线上。对中如图 2-1 所示。

2. 整平

（1）初平：通过升降三脚架使仪器圆水准器泡居中。

（2）精平：用脚螺旋使仪器管水准器泡居中，使仪器的竖轴铅垂和水平度盘水平。精平如图 2-2 所示。

3. 对光

对光：调节目镜，使望远镜中十字丝清晰。对光如图 2-3 所示。

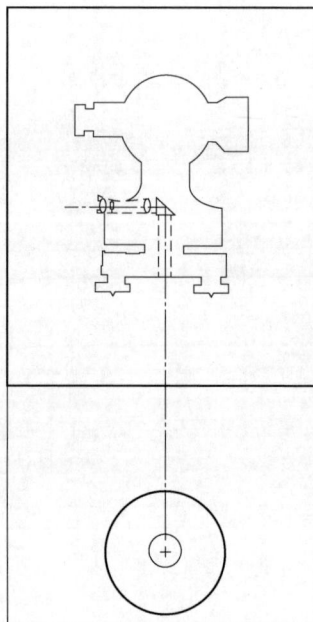

图 2-1 对中

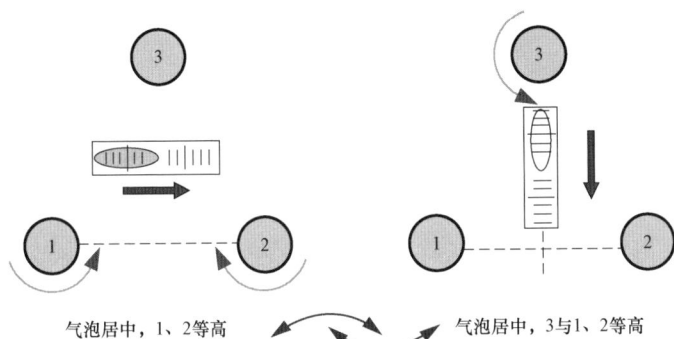

气泡居中，1、2等高　　　　气泡居中，3与1、2等高

图2-2　精平

4．瞄准

（1）初瞄准：转动望远镜，利用物镜上的瞄准器大致对准目标，固定望远镜的制动螺旋。

（2）精确瞄准：转动望远镜的微动螺旋，使望远镜中十字丝精确对准观测目标。精确瞄准目标如图2-4所示。

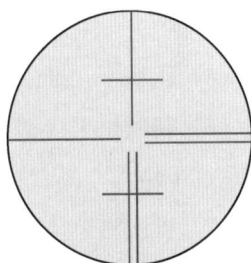

图2-3　对光

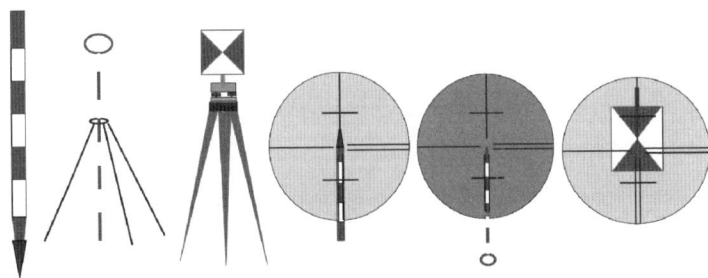

图2-4　精确瞄准目标

二、经纬仪的安置步骤

（1）三脚架及经纬仪检查：检查三脚架有无缺件、三腿伸缩是否灵活；检查经纬仪各部件有无缺失、损坏现象，水准器有无破裂，脚螺旋、制动螺旋、微动螺旋以及目镜、物镜的运转是否顺畅并有可调余度，光学对中器、望远镜、

读数窗口是否有污点和霉斑。

（2）三脚架安放：先将三脚架打开，同时拧开三脚架螺旋，伸缩到合适高度，再拧紧三脚架螺旋，三脚架打开后角度不宜过大或过小，成等边三角形，高度适中，基本平整，安上仪器后必须拧紧连接螺栓。

（3）经纬仪安放：从仪器箱取出仪器前，先观察仪器的放置位置，以便使用完后按原样装入箱中，一手握住支架，一手握住基座，将仪器放置在脚架上，仪器底座和脚架支座三角形相对应、圆水准气泡位于操作人一侧，一手握住仪器，一手拧紧连接螺旋。

（4）对中：通过光学对点器及调节两个脚架的位置将经纬仪准确架设在地面目标点上方，对中误差允许值±3mm。

（5）粗调平：通过伸缩脚架腿使圆水准气泡居中。

（6）精确整平：调节脚螺旋应按照先平行后垂直的原则，整平管水准气泡（不超过1格）。

（7）再次对中检查：若超过对中误差，将连接螺栓松至一半，整体移动仪器至精确对中。

（8）再次精确整平：调节脚螺旋应按照先平行后垂直的原则，整平管水准气泡（不超过1格）。

（9）对光：调整目镜使十字丝清晰。

（10）瞄准：先用粗瞄器对目标进行初步瞄准，再转动望远镜的微动螺旋，使望远镜中十字丝精确对准观测目标。

（11）物镜与目镜配合：将物镜中的观察目标和目镜中的十字丝调至最清晰状态，上下左右移动眼睛，观察目标和十字丝不相互晃动，物镜与目镜即达到了最佳配合状态。

第二节 经纬仪的使用注意事项

知识目标：掌握经纬仪的使用注意事项。

学习重点：熟悉经纬仪平时的保管与维护，使用时的维护保养。

一、三脚架的保养

（1）储放三脚架时，要竖直或平放，不要倾斜靠放，以免架腿变形弯曲。

（2）储放时伸缩腿要缩回，以免变形弯曲。

（3）经常用白蜡擦拭三脚架木制的滑动部分，增强光滑度并防止水汽对木制材料的侵蚀。

（4）架腿上的铁制部分如油漆脱落，应及时刷漆，以防生锈。

（5）三脚架运输时，应包裹结实，不得甩压。

二、经纬仪的保养及使用注意事项

（1）放置仪器的库房应干燥、通风，室温最好保持在 10°～30°，相对湿度在 40%左右，房间内不得存放带酸性或碱性的物品。

（2）仪器应存放在柜子内或架子上。

（3）仪器箱应保持清洁、干燥，通常应放一包防潮剂。

（4）仪器使用完毕应擦去表面的灰尘，每天用过后若有水珠，应及时擦干，放在通风处吹干后再放入仪器箱中。

（5）仪器应在半年进行一次全面检查和保养，一年进行一次检校。

（6）从仪器箱中取出仪器前，必须先观察仪器的放置位置，以便使用完后按原样装入箱中，取出时一手握住支架，一手握住基座，轻拿轻放。

（7）转动仪器或望远镜时，应先检查制动螺旋是否已松开，用手指轻拨轻转，切勿硬扳硬转。

（8）制动螺旋不能拧得过紧，要松紧适度。

（9）脚螺旋及微动螺旋应保持适中位置，留有可调余度。

（10）仪器短距离移动时应将各制动螺旋旋紧，望远镜直放，仪器连同三脚架抱在胸前竖拿，切勿斜扛在肩上，长距离移动时要装箱，运输过程中采取保护措施，不得坐在仪器箱上或压重物。

（11）观测时应避免阳光直晒仪器，晴、雨天观测应打伞遮护。

（12）在寒冷天气作业，由于室内外温差较大，应防止仪器骤冷骤热，一般应将仪器放在仪器箱内过渡一段时间。

（13）仪器发生故障时，不用勉强使用以免加剧损坏程度，作业人员不要自行拆卸仪器，应由检修人员来处理。

第三节 经纬仪安置考核评分表

经 纬 仪 安 置 考 核 表

姓名：_____　　　　考号：_____

单位：_____　　　　得分：_____

考核时间：10 分钟

题目	经纬仪安置
考核要求	1. 工具准备齐全 2. 正确检查仪器及三脚架 3. 正确对中 4. 精确整平 5. 正确对光 6. 精确瞄准 7. 正确装箱 8. 遵守考场纪律 9. 操作熟练、动作规范 10. 每超过 1 分钟扣分 2 分
记录及计算	

经 纬 仪 安 置 评 分 表

考核项目	配分	考核要求	得分	备注
作业准备	10	（1）准备工器具不合理、不齐全，扣1～2分； （2）经纬仪未进行外观及实验周期检查扣3分； （3）三脚架未进行外观及伸缩灵活性检查扣2分		
技能操作	90	（1）三脚架高度或开度不合适扣2～5分； （2）仪器与三脚架连接不牢固、不合理扣5分； （3）取出或摆放仪器过程中动作不合理，出现危险动作扣10分； （4）经纬仪基座超出三脚架顶面的边缘扣2分； （5）仪器对中误差超过3mm扣2～5分，精确整平超过一格扣2～5分； （6）圆水准气泡和管水准气泡调整不规范扣3分； （7）自动补偿装置未打开扣5分； （8）十字丝调整不清晰和照准目标不准确扣3～5分； （9）水平制动或垂直制动螺旋未松开，转动一次水平度盘或者垂直度盘扣10分； （10）水平制动或垂直制动螺旋未制动，调整一次水平或者垂直微动螺旋扣3分		
其他扣分		出现下列行为扣负分： （1）装箱时水平制动或垂直制动螺旋未松开扣5分； （2）装箱时自动补偿装置未关扣5分； （3）仪器各旋钮到位后用力过度调节、操作不正确一次扣5分； （4）测量完毕，三脚架未回收或仪器未正确装箱扣5分； （5）仪器损坏严重扣40分； （6）根据操作人员动作规范性、熟练度、准确性进行适当扣分； （7）每超过时间1分钟扣2分		

开始时间：　　时　　分　　　　结束时间：　　时　　分　　　　总用时：　　分　秒

日　　期：　　　　　　培训师：

第三章　角　度　测　量

第一节　水　平　角　测　量

> **知识目标：** 掌握水平角的定义、测量方法、测量步骤及计算。
> **技能目标：** 熟练使用经纬仪测量水平角及提高观测精度。
> **学习重点：** 熟练使用经纬仪测量水平角。

一、基本概念

1. 水平角

空间两条直线投影到一个水平面上，这两条投影线的夹角叫水平角。

2. 水平角测量的用途

在输配电线路设计阶段进行平断面测量时观测转角度数、交叉跨越角度；施工测量过程阶段转角杆塔复测定位、基础分坑测量等。

3. 测回法

（1）测量一个水平角，先用正镜测一次，叫做前半测回；

（2）然后用倒镜再测一次，叫做后半测回；

（3）前后两个半测回叫一个测回；

（4）两个半测回角度值的平均值为该角的最后值；

（5）两个半测回角度值之差不得大于仪器精密度（即游标最小刻度）的 1.5 倍。

二、操作步骤

测量角 AOB 的内角 α 如图 3-1 所示，操作步骤如下：

（1）在测站点 O 架设仪器，对中、精确整平。

（2）使望远镜正镜瞄准 A 点的标杆，固定度盘后，读出水平角度值，如测出值是 $65°12'30''$，记入记录簿。

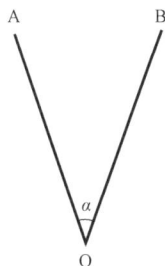

图 3-1　角 AOB 示意图

（3）松开水平制动螺旋，按顺时针方向转动望远镜照准 B 点上的标杆，读出水平角度值是 $96°07'30''$，记入记录簿。目标 B 的读数减去目标 A 的读数就得出水平角 AOB 的值，即

$$\alpha = 96°07'30'' - 65°12'30'' = 30°55'00''$$

以上是用正镜测 α 一次，完成了前半测回。

（4）用望远镜倒镜瞄准 A 点读数，再顺时针旋转瞄准 B 点读数，测出后半测回。设望远镜瞄准目标 B 点的读数为 $106°7'30''$，瞄准目标 A 点的读数为 $75°12'31''$。B 值减去 A 值，则水平角为

$$\alpha = 106°7'30'' - 75°12'31'' = 30°54'59''$$

（5）求平均值：$\alpha = (30°55'0'' + 30°54'59'') \div 2 = 30°54'59.5''$。

（6）水平度盘归零的方法测水平角时，方法同上。

三、测量记录表

测量记录见表 3-1。

表 3-1　　　　　　　　　　　　测量记录表

测站	竖盘位置	目标	水平读盘读数	半测回角度值	一个测回角度	备注
O	左	A	$65°12'30''$	$30°55'00''$	$30°54'59.5''$	
		B	$96°07'30''$			
	右	A	$75°12'31''$	$30°54'59''$		
		B	$106°07'30''$			

19

第二节　竖 直 角 测 量

知识目标：掌握竖直角的定义、测量方法、测量步骤及计算。

技能目标：熟练使用经纬仪测量竖直角及提高观测精度。

学习重点：熟练使用经纬仪测量竖直角。

一、基本概念

1. 竖直角

竖直角是在同一竖直面内倾斜视线与水平视线之间的夹角。

如图 3-2 所示，A、B 和 O 点同为一个竖直面上的点，OO′ 为水平线，当视线在水平线之上为仰角，即 ∠AOO′，其角值规定为"+"；在水平线之下为俯角，即 ∠BOO′，其角值规定为"−"。角值为 0°～90°。此外还有以铅垂线为起始方向，从铅垂线天顶顺时针至视线方向的角度，称为天顶距，如图 3-2 中的 ∠AOE。

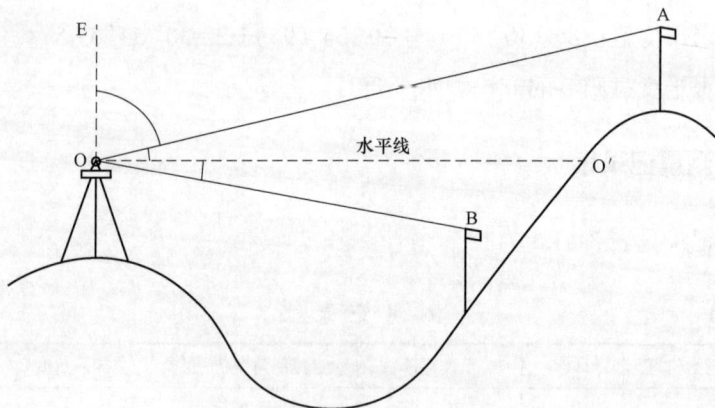

图 3-2　竖直角测量示意图

2. 竖直角的测量的用途

测量高差、视距时，用于计算高差及视距等。

3. 经纬仪观测竖直角的原理

竖直度盘装置由竖盘、竖盘水准管及竖盘水准管微调螺旋三部分组成。仪器的竖盘固定在横轴的一端，随望远镜一同转动，实现竖直角观测。测微尺零分划线是读取竖盘读数的指标，它是和竖盘水准管固定在一起，当竖盘指示水准管气泡居中时，若望远镜视线处于水平位置，竖盘读数一定是一个固定值（90°、270°、0°或 180°）。竖盘指示就处于始读数位置；当望远镜绕仪器横轴旋转时，竖盘随之转动而指示不动，这与水平角测量不同。因而可读取望远镜视线倾斜位于不同位置时的竖盘读数，以计算竖直角。

二、操作步骤

（1）盘左位置（前半测回）：

1）在测站点 A 上安置经纬仪，在目标点 B 上竖立标杆。

2）用望远镜十字丝横丝精确切于目标点 B 的顶部。

3）转动竖盘指标水准管微调螺旋，使竖盘指标水准管气泡居中。

4）读取竖盘读数 $L = 80°12'42''$。

5）竖盘角正镜 $\alpha_1 = 90° - L = 90° - 80°12'42'' = 9°47'18''$。

6）记录。

（2）盘右位置（后半测回）：

1）倒转望远镜成盘右位置。

2）在测站点 A 上安置经纬仪，在目标点 B 上竖立标杆。

3）用望远镜十字丝横丝精确切于目标点 B 的顶部。

4）转动竖盘指标水准管微调螺旋，使竖盘指标水准管气泡居中。

5）读取竖盘读数 $L = 279°47'12''$。

6）竖盘角倒镜 $\alpha_2 = R - 270° = 279°47'16'' - 270° = 9°47'16''$，$R$ 为竖直角。

三、记录

测量记录见表 3-2。

表 3-2   测量记录表

测站	竖盘位置	目标	起始读数	竖盘读数	半测回角度	指标差	一个测回角度度
A	左	B	90°	80°12′42″	9°47′18″	2″	9°47′17″
	右		270°	279°47′16″	9°47′16″		

四、计算

$$\alpha = (\alpha_{正} + \alpha_{倒}) \div 2 = (9°47'18'' + 9°47'16'') \div 2 = 9°47'17''$$

五、误差减小的方法

竖直角观测时，应注意盘左盘右要瞄准同一目标的同一位置，而且用横丝精确切入目标影像，以减少横丝不水平引起的误差。

第三节　角度测量考核评分表

角 度 测 量 考 核 表

姓名：＿＿＿＿＿＿＿＿＿　　考号：＿＿＿＿＿＿＿＿＿

单位：＿＿＿＿＿＿＿＿＿　　得分：＿＿＿＿＿＿＿＿＿

考核时间：15 分钟

题目	角度测量
考核要求	1. 准备工作合理 2. 正确安置经纬仪 3. 对中、整平符合要求 4. 照准目标精确 5. 读数准确、计算无误 6. 操作流程熟练、动作规范 7. 遵守考场纪律 8. 测量方法与思路正确 9. 每超过 1 分钟扣分 2 分
测量记录及计算	

角 度 测 量 评 分 表

考核项目	配分	考核要求	得分	备注
作业准备	10	（1）准备工器具齐全，差一种工具扣2分； （2）准备工器具合理，不合理一处扣2分		
技能操作	95	（1）经纬仪基座超出三脚架的顶面的边缘扣5分，仪器高度或三脚架开度不合适扣5分； （2）仪器对中超过3mm扣6分，整平超过一格扣6分； （3）水准管气泡调整不符合要求扣4分，脚旋钮没有调整到中间位置扣5分，自动补偿装置未打开扣5分； （4）十字丝调整不清晰和目标照准不正确扣5～10分； （5）正镜读数正确，误差超过仪器最小刻度一次扣2分； （6）倒镜读数正确，误差超过仪器最小刻度一次扣2分； （7）正镜测量计算结果正确，不正确扣5分，倒镜测量计算结果，不正确扣5分，计算一个测回的结果正确，不正确扣5分； （8）两个半测回的结果在误差范围，误差超过仪器最小刻度1.5倍扣5分，超过3倍扣10分； （9）测量方法与思路不正确扣5～15分		
其他扣分		出现下列行为扣负分： （1）水平制动或垂直制动螺旋未松开，转动一次水平度盘或者垂直度盘扣10分； （2）装箱时水平制动或垂直制动螺旋未松开扣5分； （3）装箱时自动补偿装置未关扣5分； （4）仪器各部旋钮操作不正当一次扣5分，如旋钮拧得太紧，或者旋钮到位后还用力拧旋钮； （5）三脚架未回收或仪器未正确装箱扣10分； （6）仪器损坏严重扣40分； （7）每超过时间1分钟扣2分		

开始时间： 时 分 结束时间： 时 分 总用时： 分 秒

日 期： 培训师：

第四章 视距和高差测量

第一节 视 距 测 量

知识目标：掌握视距的定义、测量方法、测量步骤及计算。

技能目标：熟练使用经纬仪测量水平视距和倾斜视距。

学习重点：熟练掌握塔尺的正确读数，正确运用公式。

一、基本概念

视距：任意两点间的距离，叫做视距。

二、水平视距测量

1. 用途

在输配电线路测量过程中，测量杆塔之间的档距及任意两点之间的水平距离。

2. 测量公式

视距测量公式为

$$D = KR$$

式中 D——OA 间的水平距离；

K——常数，数值为 100；

R——上丝减下丝的值。

3. 操作步骤

测量 OA 的水平视距 D，测量示意图如图 4−1 所示。

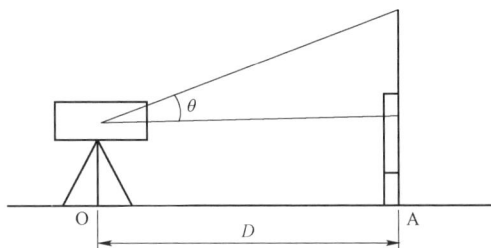

图 4-1　水平视距测量示意图

在地形比较平坦的地方，可以把垂直角调整为 0°，那么 $\cos^2 0° = 1$，此时倾斜视距 $D = KR\cos^2 \theta$ 可以简化为 $D = KR$。

测量的操作步骤如下：

（1）在 O 点架设经纬仪，对中、精确整平。

（2）在 A 点垂直放置塔尺，用经纬仪瞄准塔尺上任意一点，锁定度盘。

（3）调整望远镜物镜及目镜，使塔尺及十字丝达到最清晰，读取塔尺上的上丝、下丝刻度，例如：上丝为 1.60m、下丝为 1.40m，记入记录簿。观察读数显微镜中垂直度盘读数为正镜 90°00′00″、倒镜为 270°00′00″。

（4）求值。D 为

$$D = KR = 100 \times (1.60 - 1.4) = 20 \quad (\text{m})$$

4. 测量记录

测量记录见表 4-1。

表 4-1　　　　　　　　　　测 量 记 录 表

参数	上丝	下丝	竖盘读数	计算 θ 值
测量读数	1.6	1.4	90°00′00″	
测量公式	$D = KR$			
计算结果	$D = KR = 100 \times (1.60 - 1.4) = 20$ （m）			

三、倾斜视距测量

1. 用途

在输配电线路测量过程中，测量杆塔之间的档距及任意两点之间的距离。

25

2. 测量公式

$$D = KR\cos^2\theta$$

式中　　D——OA 间的水平距离；

　　　　K——常数，数值为 100；

　　　　R——上丝－下丝的值；

　　　　θ——垂直角，正镜测量时 $\theta = 90° -$ 垂直度盘读数，倒镜测量时 $\theta = $ 垂
直度盘读数 $-270°$。

3. 操作步骤

如图 4-2 所示：测量角 OA 的视距 D，其中 A′ 是 A 在水平面投影。

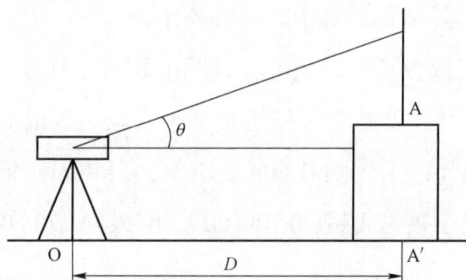

图 4-2　倾斜视距测量示意图

测量的操作步骤如下：

（1）在 O 点架设经纬仪，对中、精确整平。

（2）在 A 点垂直放置塔尺，用经纬仪瞄准塔尺上任意一点，锁定度盘。

（3）调整望远镜物镜及目镜，使塔尺及十字丝达到最清晰，读取上丝、下
丝塔尺上的刻度，例如读得上丝为 1.6m，下丝为 1.4m，记入记录簿。观察读
数显微镜中垂直度盘读数，例如读数为 $72°30'00''$，则 $\theta = 90° -$ 垂直度盘读
数 $= 90° - 72°30'00'' = 17°30'00''$。

（4）求值。D 为

$$D = KR\cos^2\theta = 100 \times (1.6 - 1.4) \times \cos^2(217°30'00'') = 1.82 \quad (\text{m})$$

4. 测量记录

测量记录见表 4-2。

表 4-2   测 量 记 录 表

参数	上丝	下丝	竖盘读数	计算θ值
测量读数	1.6m	1.4m	$72°30'00''$	$17°30'00''$
测量公式	$D = KR\cos^2\theta$			
计算结果	$D = KR\cos^2\theta = 100 \times (160 - 140) \times \cos^2(217°30'00'') = 1.82m$			

第二节 高 差 测 量

知识目标： 掌握高差的定义、测量方法、测量步骤及计算。

技能目标： 熟练使用经纬仪高差测量。

学习重点： 竖盘读数与θ值的计算，正确运用公式。

一、基本概念

（1）高差。在复杂地形条件下，O 点与 A 点之间的垂直距离，叫做高差。

（2）高差的测量。在输配电线路设计测量过程中，用于测量地形高差。

（3）高差测量公式为

$$h = \frac{1}{2} \times KR\sin 2\theta + i - t$$

式中 h——OA 间的高差；

     K——常数，数值为 100；

     R——上丝减下丝的值；

     i——经纬仪高度；

     t——经纬仪中丝读数；

     θ——垂直角，正镜测量时：$\theta = 90° -$ 垂直度盘读数，倒镜测量时：$\theta =$ 垂直度盘读数 $- 270°$。

（4）在高差测量中，地形允许情况下，应尽量取 $i = t$，即取中丝读数等于经纬仪高度，有利于简化计算，此时不论是俯角测量还是仰角测量，高差测量

公式可以简化为

$$h = \frac{1}{2} \times KR \sin 2\theta$$

（5）如果地形比较平坦，可以把垂直角调整为 0°，那么 sin 0° = 0，此时高差 $h = i - t$，这种方法也用于基础的操平。

二、操作步骤

测量 OA 的垂直距离（OA 的高差 h）示意图如图 4-3 所示。

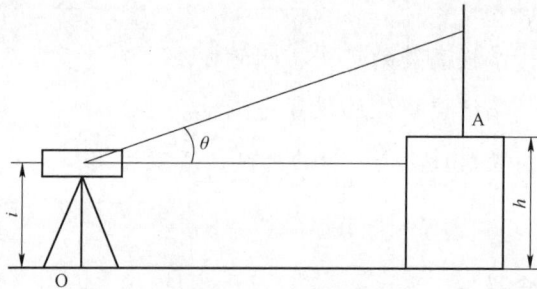

图 4-3　高差测量

（1）在 O 点架设经纬仪，对中、精确整平。

（2）在 A 点垂直放置塔尺，用经纬仪瞄准塔尺上任意一点，锁定经纬仪。

（3）观察望远镜目镜，读取对准上丝、下丝塔尺上的刻度，例如读得上丝为 1.30cm，中丝为 1.25m，下丝为 1.20m，记入记录簿。观察读数显微镜中垂直度盘读数，例如正镜下读数为 72°31′30″，则 $\theta = 90° -$ 垂直度盘读数 $= 90° - 72°31′30″ = 17°28′30″$。量取经纬仪高度 i，例如 $i = 1.65$m。

（4）求值。高差为

$$h = \frac{1}{2} \times KR \sin 2\theta + i - t = 0.5 \times 100 \times (1.3 - 1.2) \times$$
$$\sin(2 \times 17°28′30″) + 1.65 - 1.25 = 3.26 \text{（m）}$$

三、测量记录

测量记录见表 4-3。

表 4-3   测 量 记 录 表

参数	上丝	中丝	下丝	仪器高	竖盘读数	计算 θ 值
测量读数	1.3	1.25	1.2	1.65	$72°31'30''$	$17°28'30''$
测量公式	$h = \dfrac{1}{2} \times KR\sin 2\theta + i - t$					
计算结果	$h = \dfrac{1}{2} \times KR\sin 2\theta + i - t = 0.5 \times 100 \times (1.3 - 1.2) \times \sin(2 \times 17°\,28'30'') + 1.65 - 1.25 = 3.26$（m）					

第三节 视距、高差测量考核评分表

视距、高差测量考核表

姓名：_____   考号：_____

单位：_____   得分：_____

考核时间：40 分钟

题目	视距、高差测量
考核要求	1. 准备工作合理 2. 正确安置经纬仪 3. 整平符合要求 4. 照准目标精确 5. 读数准确、计算无误 6. 操作流程熟练、动作规范 7. 遵守考场纪律 8. 测量方法与思路正确 9. 每超过 1 分钟扣分 2 分
测量记录及计算	

视距、高差测评分表

考核项目	配分	考核要求	得分	备注
作业准备	5	（1）准备工器具齐全，差一种工具扣1分； （2）准备工器具合理，不合理一处扣1分		
技能操作	95	（1）三脚架开度不合适扣5分，经纬仪基座超出三脚架的顶面的边缘扣2分； （2）圆水准气泡调整不符合要求扣4分，管水准气泡调整不符合要求扣4分； （3）脚旋钮没有调整到中间位置扣2分； （4）视距、高差测量时瞄点目标不准确一次扣2～10分； （5）尺位置摆放不正确扣5分； （6）.经纬仪架设位置不合适扣10分； （7）公式计算错误、计算结果不正确扣20分； （8）测量方法与思路不正确扣5～20分		
其他扣分		出现下列行为扣负分： （1）水平制动或垂直制动螺旋未松开，转动一次水平度盘或者垂直度盘一次扣10分； （2）水平制动或垂直制动螺旋未松开扣5分； （3）自动补偿装置未关扣5分； （4）仪器各部旋钮操作不正当一次扣5分，如旋钮拧得太紧，或者旋钮到位后还用力拧旋钮； （5）三脚架未回收或仪器未正确装箱扣10分； （6）仪器损坏严重扣40分； （7）场地未清理干净扣5分； （8）每超时1分钟扣2分		

开始时间：　时　分　　　结束时间：　时　分　　　总用时：　分 秒

日　期：　　　　　　　培训师：

第五章 杆塔复测定位测量

第一节 直线杆塔桩复测

知识目标： 掌握使用经纬仪进行直线杆塔桩定位测量方法、正确记录和计算。

技能目标： 熟练使用经纬仪开展直线杆塔桩定位测量。

学习重点： 经纬仪的安置、定位测量方法及计算、正倒镜分中及投点。

一、基本知识

1. 输电线路施工复测的目的

杆塔设计定位到施工，需经过电气、结构的设计周期，是需要一段时间。而在这段时间时，因其他各种原因发生杆塔桩位偏移或杆塔桩位丢失等情况，甚至在所设计的线路路径上又增加了建筑物。所以在线路施工前，应按有关技术标准、规范，对设计单位提供的杆塔明细表、平断面图与现场是否相符，设计标桩是否丢失或移动进行全面复核，如发现问题应与设计部门研究校正。

2. 线路复测相关名词释义

直线桩：标志线路直线的桩，均在相邻两转角点的连线上，一般用符号 Z 表示。

转角桩：标明线路转角点位置的桩，一般用符号 J 表示。

方向桩：位于转角桩两侧，指示线路方向的桩，一般用符合 C 表示。

3. 线路复测的允许偏差

（1）直线杆的横向位移不应大于 50mm。

（2）复测档距时，杆塔位中心桩或直线桩的桩间距离相对设计值的偏差不大于 1%。

二、操作步骤

（1）依据设计勘测标定的两相邻直线杆塔中心桩为基准，用正倒镜分中法（即重转法）检查杆塔中心桩是否正确。对丢失的直线杆塔中心桩可用正倒镜分中法测量补钉，其操作步骤如下：

1）杆塔定位测量前，必须先收集设计图纸资料，主要是平断面图、杆位明细表，查询杆塔档距、标高、设计桩位。

2）在平断面图（见图 5-1）中，查出线路各桩的位置，初步判断桩位与前后地面建筑（电力线、公路）的关系（水平距离、高差等），选择视野较好，无遮拦，可测量杆塔桩位数较多的位置架设仪器测量。从平面图可以确定直线杆塔桩位、桩间距离、杆塔位置等关键信息。从图 5-1 中可以看出 N12 为耐张，N13、N14、N15 为直线杆塔，位于旱地无遮拦，本次测量选择该耐张端进行直线杆塔桩位复测。

3）确定好测量桩位，安置仪器对中或前、后视竖立花杆，都必须以木桩上圆钉中心为准，不允许瞄准最近的桩位去测远方杆塔，否则误差较大。

（2）正倒镜分中法对直线杆塔复测。

1）把经纬仪放置在 Z13 桩处，对中调平，固定上下盘。先用正镜后视立于 J12 桩铁钉上的标杆，然后竖转望远镜 180° 前视 Z14 桩铁钉上的标杆，如其在镜中视距线纵线上，其 Z14 桩即在线路中线上，如图 5-2 所示。

2）如 Z14 桩铁钉上的标杆不与镜中视距线纵线重合，如图 5-3 所示，即 Z14 桩就不在线路中线上，可钉出所测点 X1 将望远镜沿水平方向顺时针旋转 180°，望远镜瞄准 J12 方向（此时为倒镜），然后再竖转望远镜 180° 前视 Z14 测得一点 X2。定出 X1、X2 之中点 X，量出 X 至 Z14 间的水平距离 E，E 即为

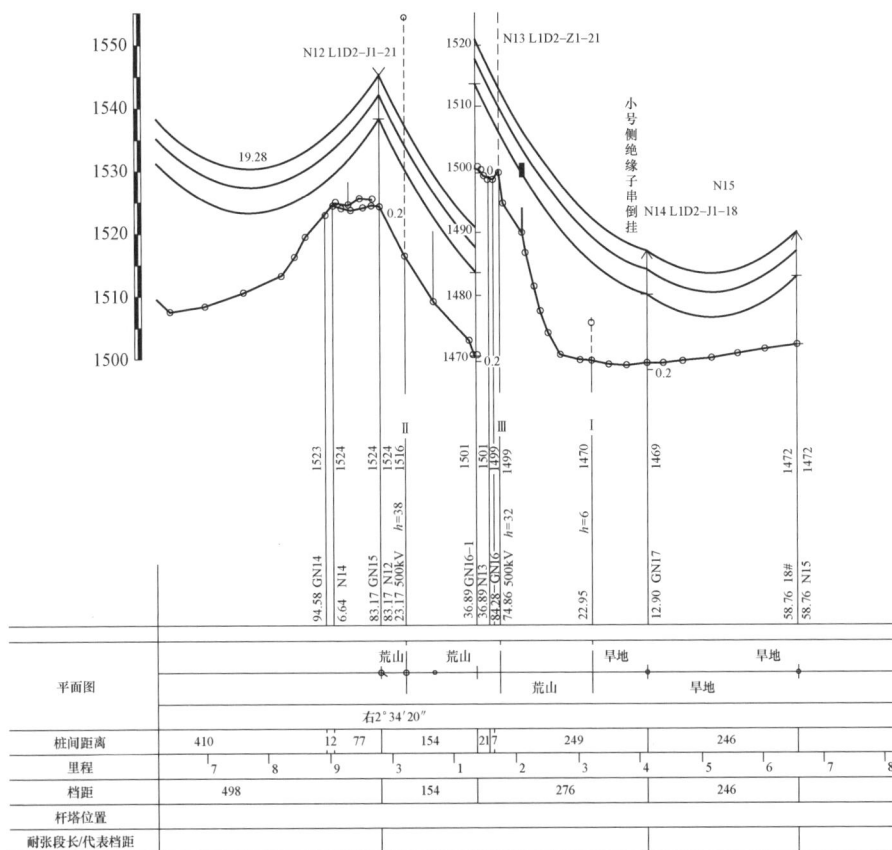

图 5-1　平断面图

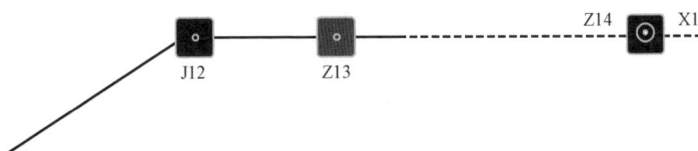

图 5-2　复测步骤（一）

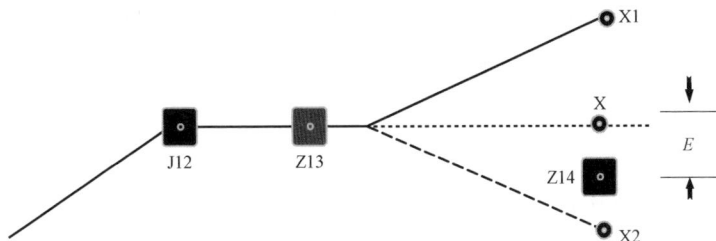

图 5-3　复测步骤（二）

直线桩 Z14 在横线路方向的偏移值。偏移值小于规范要求值 50mm 时，则不必移桩。

3）若量出 X 至 Z14 间的水平距离 E 超过 50mm 时，就必须移桩，此时需在 X1、X2 中心点 X 前后钉辅助桩，经纬仪仍然保持放置在 Z13 桩处，望远镜前视瞄准 X 桩中心点后水平制动，通过调整垂直角度在 X 桩前后钉方向桩 C1、C2，如图 5-4 所示，根据档距调整 Z14 桩的位置，保持 Z14 水平方向在 C1、C2 桩连线上即可。

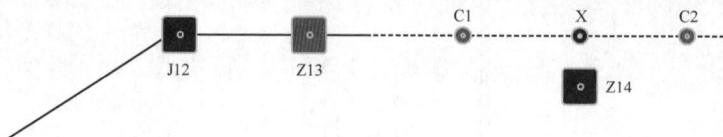

图 5-4　复测步骤（三）

第二节　转角杆塔桩复测

知识目标：掌握使用经纬仪进行转角杆塔桩定位测量方法、正确记录和计算。

技能目标：熟练使用经纬仪开展转角杆塔桩复测定位测量。

学习重点：经纬仪的安置、定位测量方法及计算、转角读数测量。

一、输电线路施工复测的目的

输电线路施工复测的目的是按照设计图纸对整条线路进行复核测量，目的是核实杆塔位置、角度、档距及高差，核实设计图纸有没有误差，与现场符不符合，同时为施工图会审及施工提供依据。

二、线路复测相关名词释义

转角桩：标明线路转角点位置的桩，一般用符号 J 表示。

转角度：表示线路转角点偏转的度数，即线路转角的外角线路的转角度数。以线路前进方向为准，向左偏转的角度为左转角度值，向右偏转的角度为右转角度值。

三、线路复测的允许偏差

转角桩的角度值，用方向法复测时对设计值的偏差不大于 $1'30''$。

四、操作步骤

（1）杆塔定位测量前，必须先查看设计图纸，主要是平断面图、杆位明细表，查询杆塔档距、标高、设计桩位。

（2）在图 5-5 所示的平断面图中，查出线路各桩的位置，初步判断桩位 N12 为耐张塔、转角读数为 $2°34'20''$，N13、N14、N15 为直线塔。本次测量选择复测 N12 耐张塔，N10、N11 均为直线塔。

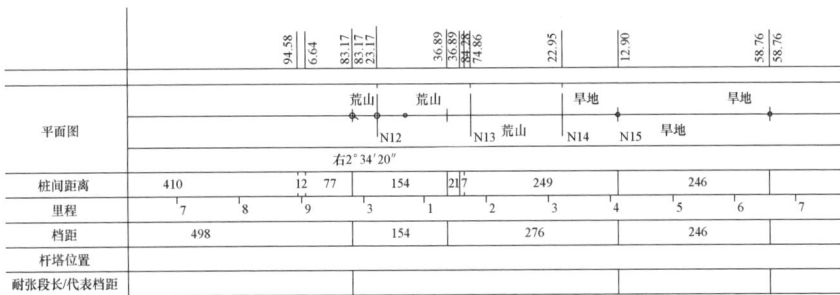

图 5-5　平断面图

（3）确定好测量桩位，安置仪器对中或前、后视竖立花杆，都必须以木桩上圆钉中心为准，不允许瞄准最近的桩位去测远方杆塔，否则误差较大。

（4）方向法对转角杆塔桩位复测。

1）把经纬仪放置在 J12 桩处，对中调平，如图 5-6 所示。先用正镜前视 Z11 桩小钉上的标杆，记下水平度角度值 a_1，然后按顺时针方向旋转对准 Z13 桩小钉上的标杆，记下这时的水平角值 a_2。此两角之差 $\alpha_1 = a_2 - a_1$，即为 J12 桩的半测回角。

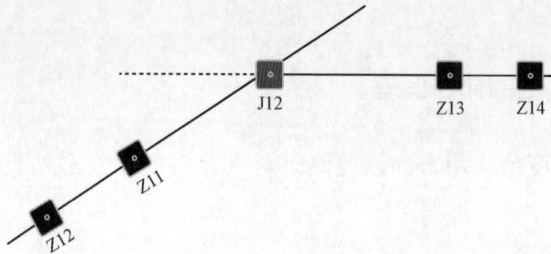

图 5-6　转角杆塔复测示意图

2）然后再调整水平旋转度盘，使望远镜对准 Z11（这时为倒镜），记下这时的水平角值 a_3，再按顺时针方向旋转对准 Z13 桩小钉上的标杆，记下水平角度值 a_4，此两角之差 $\alpha_2 = a_4 - a_3$，即为 J12 桩的下半回测角。

3）两次实测的 α_1 与 α_2 的平均值，即：$\angle Z_{13} J_{12} Z_{11} = \dfrac{\alpha_1 + \alpha_2}{2}$，其与设计值之差不大于 $1'30''$ 时，则 J12 桩的转角值正确。

4）若实测的 α_1 与 α_2 的平均值大于设计角度值 $1'30''$ 时，则 J12 桩的转角值就不正确，则应重新打桩，此时分别把仪器安放在 Z11、Z13 桩上，对中调平，分别前视 Z12、Z14 桩，再倒镜钉出 C1、C2、C3、C4 四个辅助桩，地形复杂时，辅助桩可多钉两个，辅助桩应钉在杆位桩施工时不影响的位置，以便校正时使用。将 C1 与 C2 和 C3 与 C4 连线，交点即 J12 的中心桩位置，如图 5-7 所示。

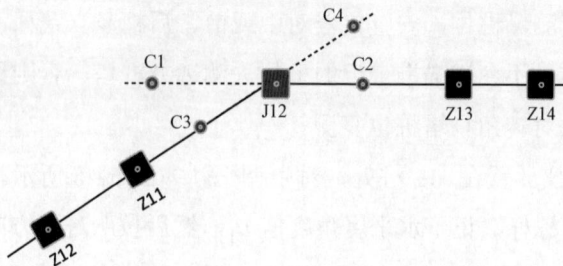

图 5-7　转角杆塔复测经纬仪安置图

第三节 档距和标高的复测

> **知识目标：**掌握使用经纬仪进行档距和标高测量方法、正确记录和计算。
>
> **技能目标：**熟练使用经纬仪开展档距和标高复测。
>
> **学习重点：**经纬仪的安置、档距、标高测量方法及计算。

一、输电线路施工复测的目的

输电线路施工复测的目的是按照设计图纸对整条线路进行复核测量，目的是核实杆塔位置、角度、档距及高差，核实设计图纸有没有误差，与现场符不符合，同时为施工图会审及施工提供依据。

二、线路复测相关名词释义

档距：相邻杆塔位桩中心之间的水平距离，一般用符号 L 表示。

标高：以基准高程系或假定的高程系的测量点 O 对该桩位基面的绝对高，也称高程，均为正数。

高差：相对于某一基准面的标高之差，一般用符合 H 表示。

三、线路复测的允许偏差

相邻杆塔位桩相对高差，实测值相对设计值的偏差不超过 0.5m。

四、操作步骤

（1）杆塔定位测量前，必须先查看设计图纸，主要是平断面图、杆位明细表，查询杆塔档距、标高、设计桩位。

（2）在平断面图中，查出线路各桩的位置，初步判断桩位，仪器放置点。

杆塔标高一般以第一基杆塔海拔基础，后续杆塔根据地形情况在此基础上进行叠加和减少。本次测量以 Z12、Z13 的档距和高差测量为例开展。

（3）档距和标高的复测。

1）将仪器安平在 Z12 桩上，在 Z13 桩立视距尺，同时量出仪高 h_i（望远镜中点到 Z12 桩顶点的垂直距离）；将望远镜内的上、中、下三根横线对准视距尺，读数点分别为 a、b、c；同时读出垂直角 φ，如图 5-8 所示。

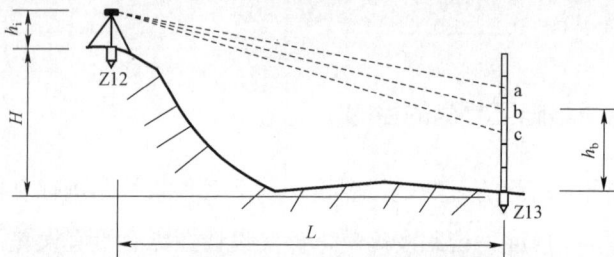

图 5-8　档距和标高复测示意图

2）计算 Z12、Z13 间的水平距离 L，即档距为

$$L = KR\cos^2\varphi$$

式中　L——两杆塔间水平距离（档距）的实测值，m；

　　　K——经纬仪视距常数，一般为 100，表示视距线 a、c 间的距离为 1m 时，其测量距离为 100m；

　　　R——视距值，它等于塔尺上 a、c 两读数间的差值，即 $h_a - h_c$，m；

　　　φ——垂直角，（°）。

3）计算 Z12、Z13 间高差 H，即

$$H = \frac{1}{2}KL\sin 2\varphi + h_b - h_i$$

式中　H——两桩位（Z12、Z13）高差的实测值，m；

　　　h_b——经纬仪十字丝中线对准的塔尺读数，m；

　　　h_i——用钢尺直接量取的经纬仪高度，m。

在实际测量中，当 $h_b = h_i$ 时，上式中的 $h_b - h_i = 0$，算式就可简化为

$$H = \frac{1}{2}KL\sin 2\varphi$$

4）此处通过前期测量和计算 Z12 塔的标高为 H_{Z12}，则 Z13 塔的标高为

$$H_{Z13} = H_{Z12} + H$$

式中，H 计算值的正负与垂直角 φ 有关，若 Z13 塔海拔高于 Z12 塔，则 φ 为正，计算高差 H 为正值；若 Z13 塔海拔低于 Z12 塔，则 φ 为负，计算高差 H 为负值。Z13 塔标高在 Z12 塔基础上增加即可。

5）将计算得出的 L 与设计档距相比较，其误差不超过设计档距的 1% 为合格。线路中心凸起点的高程与设计标高之差不大于 0.5m 则认为设计值正确。

（4）复杂地形档距和标高的复测。如图 5-9 所示，Z2（G2）为直线桩 Z1 前后方向上的直线桩，同时 G2、G3 分别为 Z2、Z3 杆塔中心桩，两杆塔之间有两个地物 C、D，则 G2—G3 间的档距及 C、D、G3 点的标高复测方法如下：

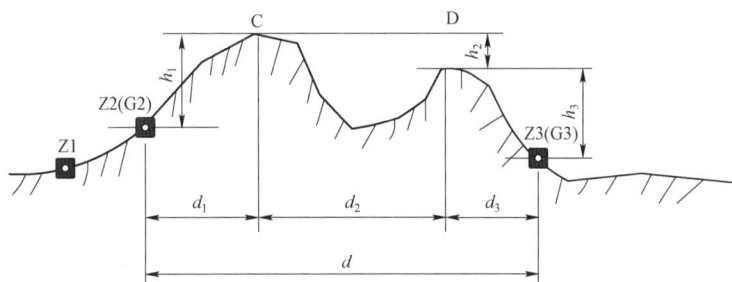

图 5-9 复杂地形档距和标高复测示意图

1）将仪器安置在直线桩 Z2 上，用正镜后视直线桩 Z1 上的棱镜（以 Z1 为后视方向），置零，然后倒转望远镜，得出线路的前视方向，然后将棱镜置于线路前视方向能看得见的 C 点，测量出 Z2—C 点间的档距 d_1 及高差 h_1。

2）然后将仪器搬至 C 点上，然后以用正镜后视直线桩 Z2 上的棱镜（以 Z2 为后视方向），置零，然后倒转望远镜，得出线路的前视方向，假设 C 点无法看见 Z3，然后将棱镜置于线路前视方向能看得见的 D 点，测量出 C—D 点间的档距 d_2 及高差 h_2。

3）然后将仪器搬至 D 点上，然后以用正镜后视直线桩 C 上的棱镜（以 C 为后视方向），置零，然后倒转望远镜，得出线路的前视方向，测量出 D—Z3

点间的档距 d_3 及高差 h_3。

4）假设 C 点能看见 Z3，在 C 点可以直接测出测量出 C—Z3 点间的档距 d_2+d_3 及高差 h_2+h_3。

5）通过以上测量数据可以得 G2—G3 的档距为 $d=d_1+d_2+d_3$，高差为 $h=h_1+h_2+h_3$，C 点的标高（高程）为 $H_{Z2}+h_1$，D 点的标高（高程）为 $H_{Z2}+h_1+h_2$，Z3（G3）点的标高（高程）为 $H_{Z2}+h_1+h_2+h_3$。H_{Z2} 为 Z2（G2）的标高（高程）。

6）最后将复测结构与原设计值相比较，检查是否符合限差要求（相邻杆塔位中心桩间档距复测值相对设计值的偏差不大于 1%，地形及杆塔位的标高或高差的偏差不大于 300mm）。若误差超过限差，应查明原因，予以纠正，若不纠正，将会引起导线对地或跨越物的安全距离减小，电气距离不满足相关要求，若误差太大也可能导致杆塔强度等不满足设计要求等问题。

7）当实际工程中 Z2 为转角桩时，当仪器架设在转角桩 Z2 上时（转角桩一般是 J 桩），以 Z1 为后视方向置零后，然后倒转望远镜，然后要根据左（右）转的转角度数将仪器望远镜沿水平方向左（右）旋转至相应的度数，得出线路的前视方向，其他与以上复测方法一样，不再阐述。

第四节　杆塔复测定位测量考核评分表

杆塔复测定位测量考核表

姓名：_____　　考号：_____

单位：_____　　得分：_____

考核时间：40 分钟

题目	杆塔复测定位测量
考核要求	1. 准备工作合理 2. 正确安置经纬仪 3. 整平符合要求 4. 照准目标精确 5. 读数准确、计算无误 6. 操作流程熟练、动作规范 7. 遵守考场纪律 8. 测量方法与思路正确 9. 每超过 1 分钟扣分 2 分

续表

题目	杆塔复测定位测量
测量记录及计算	

杆塔复测定位测量评分表

考核项目	配分	考核要求	得分	备注
作业准备	5	（1）准备工器具齐全，差一种工具扣1分； （2）准备工器具合理，不合理一处扣1分		
技能操作	95	（1）三脚架开度不合适扣5分，经纬仪基座超出三脚架的顶面的边缘扣2分； （2）圆水准气泡调整不符合要求扣4分，管水准气泡调整不符合要求扣4分； （3）脚旋钮没有调整到中间位置扣2分； （4）通过平断面图、杆位明细表，查询杆塔档距、标高、设计桩位不准确一次扣2～10分； （5）杆塔复测结果不正确扣20分； （6）经纬仪摆放位置不正确、不合适扣5～10分； （7）未对复测经过进行允许误差判断，给出测量结果扣5分； （8）测量方法与思路不正确扣5～20分		
其他扣分		出现下列行为扣负分： （1）水平制动或垂直制动螺旋未松开，转动一次水平度盘或者垂直度盘一次扣10分； （2）水平制动或垂直制动螺旋未松开扣5分； （3）自动补偿装置未关扣5分； （4）仪器各部旋钮操作不正当一次扣5分，如旋钮拧得太紧，或者旋钮到位后还用力拧旋钮； （5）三脚架未回收或仪器未正确装箱扣10分； （6）仪器损坏严重扣40分； （7）场地未清理干净扣5分； （8）每超时1分钟扣2分		

开始时间：　　时　　分　　　　结束时间：　　时　　分　　　总用时：　　分　　秒

日　　期：　　　　　　　　培训师：

第六章　杆塔基础分坑测量

第一节　直线双杆拉线基础分坑测量

> **知识目标：** 掌握直线双杆拉线坑的分坑数据计算、分坑方法及操作步骤。
>
> **技能目标：** 熟练使用经纬仪对直线双杆 X 型拉线坑位进行准确分坑测量。
>
> **学习重点：** 熟练使用经纬仪进行直线双杆分坑测量。

一、基本概念

（1）拉线的作用。拉线杆塔是用拉线来稳定杆塔，在杆塔组立前，要正确测定杆塔拉线坑位置，使拉线与杆塔的角度符合要求，以确保杆塔稳定，直线双杆拉线最常见的是 X 型拉线，即交叉拉线。

（2）直线双杆 X 型拉线分坑数据计算。杆塔呼高 H，拉线对地夹角 θ，拉线挂点与电杆中心距离 e，拉线盘埋深 h_1，电杆基面与拉线坑中心地面的高差 Δh（电杆地面较高时 Δh 取 $+$，电杆地面较低时 Δh 取 $-$），拉线与横担水平夹角 α，电杆的根开为 X。

电杆中心至拉棒出土的距离 D_1 为

$$D_1 = \frac{H \pm \Delta h}{\tan \theta} + e$$

电杆中心至拉线盘坑中心的距离 D_2 为

$$D_2 = \frac{H + h_1 \pm \Delta h}{\tan \theta} + e$$

（3）X 型拉线分坑示意图如图 6-1 所示。

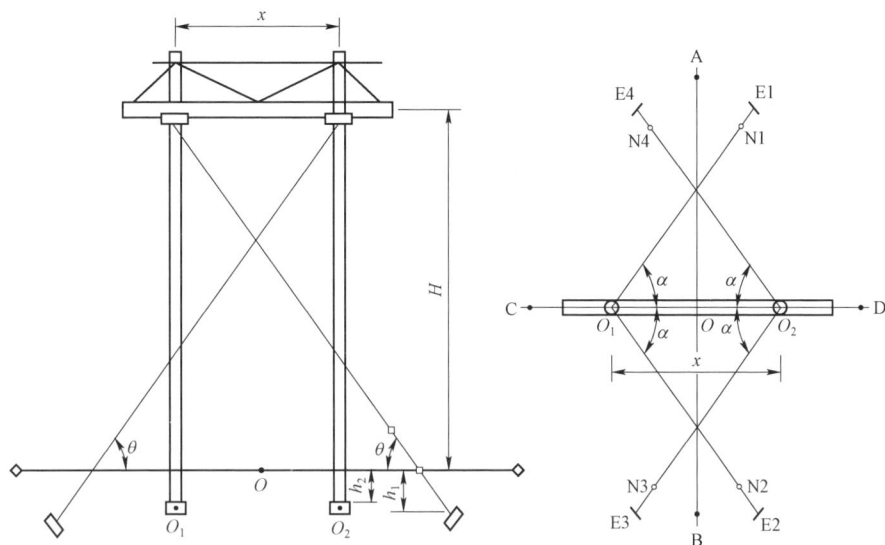

图 6-1　X 型拉线分坑示意图

二、操作步骤

（1）在杆塔中心桩 O 点处安置仪器，对中整平，瞄准线路方向桩 A 或 B，水平度盘配置为 0°00′00″，仪器水平方向顺时针转动 90° 定出横线路方向（横担方向）的方向桩 C、D，同时水平方向不动，以杆塔中心桩 O 点为起点在横线路方向上用钢卷尺分别量取 X/2，定出两个主杆坑 O1 桩和 O2 桩。

（2）在主杆坑桩 O1 点处安置仪器，对中整平，瞄准横线路方向桩 D，水平度盘配置为 0°00′00″，仪器水平方向顺时针转动至 α 角度，以主杆坑桩 O1 点为起点在此方向上用皮尺量取 D_1，定出拉棒出土桩 N2，以主杆坑桩 O1 点为起点在此方向上用皮尺量取 D_2，定出拉线盘坑中心桩 E2。仪器水平方向顺时针转动至（300°−α）角度，用同样的方法定出另一根拉线的拉棒出土桩 N1 和拉线盘坑中心桩 E1。

（3）在主杆坑桩 O2 点处安置仪器，对中整平，瞄准横线路方向桩 C，水

平度盘配置为 $0°00'00''$，仪器水平方向顺时针转动至 α 角度，以主杆坑桩 O2 点为起点在此方向上用皮尺量取 D_1，定出拉棒出土桩 N4，以主杆坑桩 O2 点为起点在此方向上用皮尺量取 D_2，定出拉线盘坑中心桩 E4。仪器水平方向顺时针转动至（$300°-\alpha$）角度，用同样的方法定出另一根拉线的拉棒出土桩 N3 和拉线盘坑中心桩 E3。

（4）通过以上步骤分别定出拉棒出土桩 N1、N2、N3、N4 和拉线盘坑中心桩 E1、E2、E3、E4，再根据拉线盘的尺寸进行基础开挖。

第二节　转角双杆拉线基础分坑测量

知识目标： 掌握转角双杆拉线坑的分坑数据计算、分坑方法及操作步骤。

技能目标： 熟练使用经纬仪对转角双杆平行拉线坑位进行准确分坑测量。

学习重点： 熟练使用经纬仪进行转角双杆分坑测量。

一、基本概念

（1）拉线的作用。拉线杆塔是用拉线来稳定杆塔，在杆塔组立前，要正确测定杆塔拉线坑位置，使拉线与杆塔的角度符合要求，以确保杆塔稳定，转角双杆拉线最常见的是平行拉线，即水平拉线。

（2）转角双杆平行拉线分坑数据计算。杆塔呼高 H，转角角度 β，拉线对地夹角 θ，拉线挂点与电杆中心距离 e，拉线盘埋深 h_1，电杆基面与拉线坑中心地面的高差 Δh（电杆地面较高时 Δh 取 +，电杆地面较低时 Δh 取−），拉线与横担水平夹角 α，电杆的根开为 X。

电杆中心至拉棒出土的距离 D_1 为

$$D_1 = \frac{H \pm \Delta h}{\tan\theta} + e$$

电杆中心至拉线盘坑中心的距离 D_2 为

$$D_2 = \frac{H + h_1 \pm \Delta h}{\tan \theta} + e$$

（3）转角双杆平行拉线分坑示意图如图 6-2 所示。

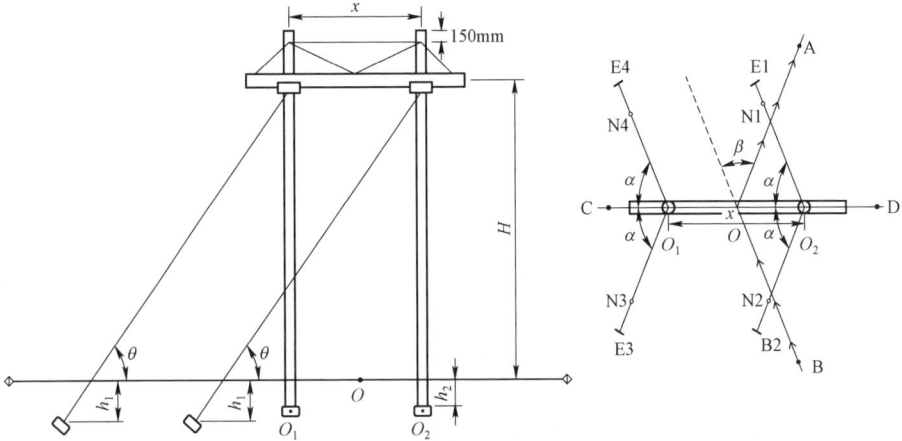

图 6-2　转角双杆平行拉线分坑示意图

二、操作步骤

（1）在杆塔中心桩 O 点处安置仪器，对中整平，瞄准线路后方向桩 B，水平度盘配置为 $0°00'00''$，仪器水平方向顺时针转动瞄准线路前方向桩 A，测量出线路前后方向的夹角，仪器水平方向转动至前后方向的夹角的一半，定出角平分线方向（横担方向）内侧方向桩 C 和外侧方向桩 D，同时水平方向不动，以杆塔中心桩 O 点为起点在线路分角方向上左右用钢卷尺分别量取 X/2，定出两个主杆坑 O1 桩和 O2 桩。若杆塔中心有位移，则杆塔中心桩 O 点沿角平分线内侧方向位移设计值，重新定出位移后的中心桩 O′，再以位移后的中心桩 O′ 点为起点在线路分角方向上用钢卷尺分别量取 X/2，定出两个主杆坑 O1 桩和 O2 桩。

（2）在主杆坑桩 O1 点处安置仪器，对中整平，瞄准线路内侧分角方向桩 C，水平度盘配置为 $0°00'00''$，仪器水平方向顺时针转动至 α 角度，以主杆坑桩 O1 点为起点在此方向上用皮尺量取 D_1，定出拉棒出土桩 N4，以主杆坑桩 O1 点为起点在此方向上用皮尺量取 D_2，定出拉线盘坑中心桩 E4。仪器水平方向顺时针转动至（$360° - \alpha$）角度，用同样的方法定出另一根拉线的拉棒出土桩 N3 和拉线盘坑中心桩 E3。

（3）在主杆坑桩 O2 点处安置仪器，对中整平，瞄准线路内侧分角方向桩 C，水平度盘配置为 $0° 00'00''$，仪器水平方向顺时针转动至 α 角度，以主杆坑桩 O2 点为起点在此方向上用皮尺量取 D_1，定出拉棒出土桩 N1，以主杆坑桩 O2 点为起点在此方向上用皮尺量取 D_2，定出拉线盘坑中心桩 E1。仪器水平方向顺时针转动至（$360° - \alpha$）角度，用同样的方法定出另一根拉线的拉棒出土桩 N2 和拉线盘坑中心桩 E2。

（4）通过以上步骤分别定出拉棒出土桩 N1、N2、N3、N4 和拉线盘坑中心桩 E1、E2、E3、E4，再根据拉线盘的尺寸进行基础开挖。

第三节　正方形铁塔基础分坑

知识目标：掌握正方形铁塔基础分坑的定义、测量方法、测量步骤及计算。

技能目标：熟练使用经纬仪进行正方形铁塔基础分坑及提高分坑精度。

学习重点：熟练使用经纬仪正方形铁塔基础分坑测量。

一、基本概念

（1）正方形铁塔基础。指根开相等坑口宽度相等的基础，四个基础坑中心构成一个正方形。

（2）正方形铁塔基础的测量。在输配电线路施工、运行过程中，使用经纬仪把杆塔正方形铁塔基础坑的位置测设至线路指定的杆塔位上。

二、操作步骤

正方形铁塔基础分坑示意图如图 6-3 所示。

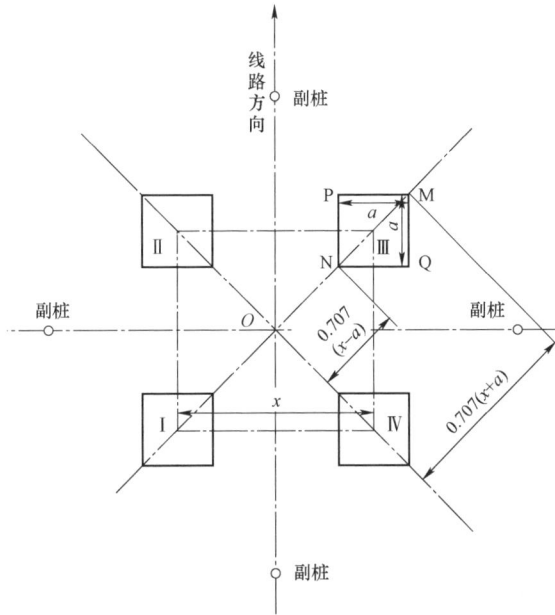

图 6-3　正方形铁塔基础分坑示意图

（1）将经纬仪安置在杆塔中心的 O 点上，对中、精确整平。

（2）用经纬仪对顺线路方向的前后副桩进行瞄准。

（3）镜筒旋转 90°，钉垂直线路的两边副桩。

（4）镜筒回转 45°，钉副桩，在 OC 上取 $ON=0.707（x-a）$，$OM=0.707（x+a）$，得 M、N 两点。x 为坑心间距离，a 为基坑边长。

（5）取 $2a$ 线长，将两端分别置于 M、N 两点，拉紧中心点即得 P 点，反方向即得 Q 点。

（6）取石灰粉沿 NPMQ 各点在地面上画白线，即得Ⅲ号基坑。

（7）镜筒反转 180°，用上述同样方法即可在地面画出得Ⅰ号基坑。

（8）镜筒右转 90°，用上述同样方法即可在地面画出得Ⅱ号基坑；镜筒反转 180°，即可在地面画出得Ⅳ号基坑。

第四节 矩形铁塔基础分坑

> **知识目标：**掌握矩形铁塔基础分坑的定义、测量方法、测量步骤及计算。
>
> **技能目标：**熟练使用经纬仪进行矩形铁塔基础分坑及提高分坑精度。
>
> **学习重点：**熟练使用经纬仪矩形铁塔基础分坑测量。

一、基本概念

（1）矩形铁塔基础。指基础正、侧面根开不相等，基础坑口宽相等，基础根开所组成的图形为长方形。

（2）正方形铁塔基础的测量。在输配电线路施工、运行过程中，使用经纬仪把杆塔矩形铁塔基础坑的位置测设至线路指定的杆塔位上。

二、操作步骤

矩形铁塔基础分坑示意图如图6-4所示。

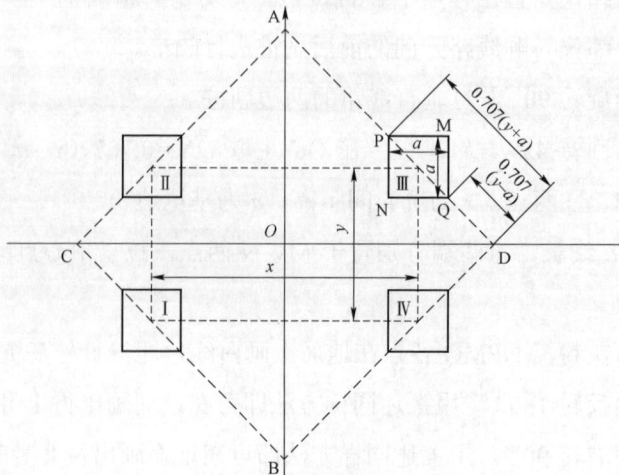

图6-4 矩形铁塔基础分坑示意图

（1）将经纬仪安置在杆塔中心的 O 点上，对中、精确整平。

（2）用经纬仪对顺线路方向的前后副桩进行瞄准，钉下 A、B 桩，使 OA＝OB＝（x+y）/2。x、y 分别为不同的矩形坑长边与短边坑心间的距离。

（3）镜筒旋转 90°，钉垂直线路的两边副桩，，钉下 C、D 桩，使 OC＝OD＝（x+y）/2。

（4）将仪器移置于 A 点，瞄准 D 点，得 AD 线，在 AD 线上量取 QD＝0.707（y-a），PD＝0.707（y+a），得 Q、P 两点。a 为基坑边长。

（5）取 2a 线长，将两端分别置于 Q、P 两点，拉紧中心点即得 M 点，反方向即得 N 点。

（6）取石灰粉沿 NPMQ 各点在地面上画白线，即得Ⅲ号基坑。

（7）将经纬仪镜筒从 D 点旋转90°，可测到 C 点，同样在 AC 线上可以画出得Ⅱ号基坑。

（8）将仪器移置于 B 点，依同样方法画出得Ⅰ号、Ⅳ号基坑。

（9）复核图纸及整个塔基尺寸，完成正确无误后，取石灰粉在地面上画白线。

（10）在 AD 线上，若自 A 点开始量取 P、Q 点，使 AQ＝0.707（x+a），AP＝0.707（x-a），同样可得基坑的四角 NPMQ。

第五节　不等高塔腿基础分坑

知识目标：掌握不等高塔腿基础分坑的定义、测量方法、测量步骤及计算。

技能目标：熟练使用经纬仪进行不等高塔腿基础分坑及提高分坑精度。

学习重点：熟练使用经纬仪不等高塔腿基础分坑测量。

49

一、基本概念

（1）不等高塔腿基础分坑。指塔基在坡地时，高处的短腿基础与低处的长腿基础至线路中心的水平距离不相等。

（2）不等高塔腿基础分坑。在输配电线路施工、运行过程中，使用经纬仪把杆塔不等高塔腿基础的位置测设至线路指定的杆塔位上。

（3）计算数据。短腿之间的根开为 b_1，长腿之间的根开为 b_3，短腿与长腿之间的根开为 $b_2 =（b_1 + b_3）/2$，基础坑口宽度为 a。则

$$F_1 = 0.707（b_3 + a），\quad F_2 = 0.707（b_3 - a），\quad F_0 = 0.707 b_3$$

$$F_1' = 0.707（b_3 + a），\quad F_2' = 0.707（b_3 - a），\quad F_0' = 0.707 b_3$$

二、操作步骤

不等高塔腿基础分坑示意图如图 6-5 所示。

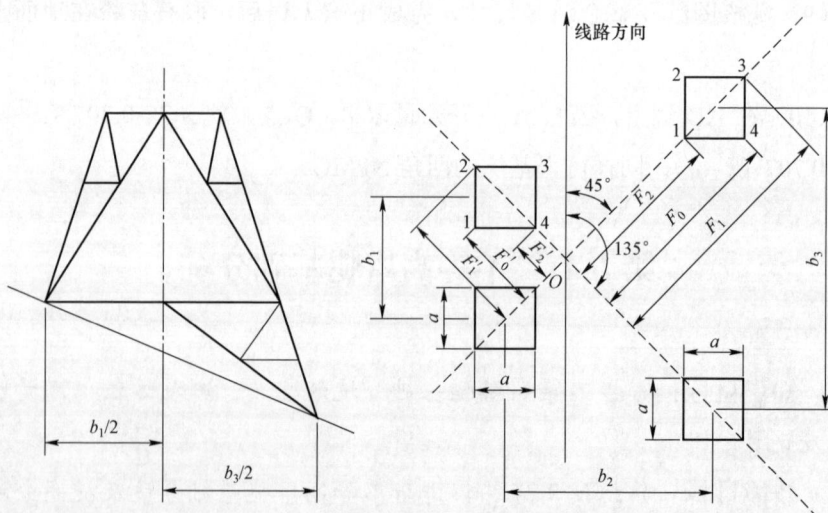

图 6-5　不等高塔腿基础分坑示意图

（1）将经纬仪安置在杆塔中心的 O 点上，对中、精确整平。

（2）用经纬仪对顺线路方向的前后副桩进行瞄准，镜筒顺时针旋转 45°，在此方向线上定出 C 点。

（3）将镜筒顺时针旋转 90°，在此方向线上定出 D 点。镜筒旋转 180°，在此方向线上定出 B 点。镜筒逆时针旋转 90°，在此方向线上定出 A 点。

（4）在 OC 方向线上从 O 点起量出水平距离 F2 得点 1，再量出水平距离 F1 得点 3。

（5）取 2a 线长，将两端分别置于 1、3 两点，拉紧中心点即得 2 点，反方向即得 4 点。

（6）取石灰粉沿 1、2、3、4 各点在地面上画白线，即得基坑。

（7）将经纬仪镜筒从 C 点顺时针旋转 90°，定出 D 点，同样在 OD 线上可以量出得另一基坑。

（8）将经纬仪镜筒从 D 点镜筒旋转 180°，在此方向线上定出 B 点，在 OB 方向线上从 O 点起量出水平距离 F_2' 得点 4，再量出水平距离 F_1' 得点 2。

（9）取 2a 线长，将两端分别置于 2、4 两点，拉紧中心点即得 1 点，反方向即得 3 点；取石灰粉沿 1、2、3、4 各点在地面上画白线，即得基坑。

（10）将经纬仪镜筒从 C 点逆时针旋转 90°，定出 A 点，同样在 OA 线上可以量出得另一基坑。

（11）复核图纸及整个塔基尺寸，完成正确无误后，取石灰粉在地面上画白线。

第六节　杆塔基础分坑测量考核评分表

杆塔基础分坑测量考核表

姓名：＿＿＿＿＿＿＿＿＿＿　　考号：＿＿＿＿＿＿＿＿＿＿

单位：＿＿＿＿＿＿＿＿＿＿　　得分：＿＿＿＿＿＿＿＿＿＿

考核时间：30 分钟

题目	杆塔基础分坑测量
考核要求	1. 准备工作合理 2. 正确安置经纬仪 3. 整平符合要求 4. 照准目标精确 5. 读数准确、计算无误

续表

题目	杆塔基础分坑测量
考核要求	6. 操作流程熟练、动作规范 7. 遵守考场纪律 8. 测量方法与思路正确 9. 每超过 1 分钟扣分 2 分
测量记录及计算	

杆塔基础分坑测量评分表

考核项目	配分	考核要求	得分	备注
作业准备	5	（1）准备工器具齐全，差一种工具扣 1 分； （2）准备工器具合理，不合理一处扣 1 分		
技能操作	95	（1）经纬仪基座超出三脚架的顶面的边缘扣 2 分； （2）仪器整平超过一格扣 3 分； （3）脚旋钮没有调整到中间位置扣 2 分； （4）十字丝和目标调整不清晰一次扣 2～5 分； （5）经纬仪安置在中心桩对中不准确扣 5～10 分，瞄准顺线路副桩不准确、不清晰一次扣 2～5 分； （6）经纬仪镜筒旋转角度不准确一次扣 2～10 分； （7）在确定坑点时取值超过 5mm 一次扣 2 分，超过 10mm 一次扣 5 分，超过 15mm 一次扣 15 分； （8）三脚架开度不合适扣 5 分； （9）画线不正确、不清晰扣 5～15 分； （10）测量方法与思路不正确扣 5～20 分		
其他扣分		出现下列行为扣负分： （1）水平制动或垂直制动螺旋未松开，转动一次水平度盘或者垂直度盘一次扣 10 分； （2）水平制动或垂直制动螺旋未松开扣 5 分； （3）自动补偿装置未关扣 5 分； （4）仪器各部旋钮操作不正当一次扣 5 分，如旋钮拧得太紧，或者旋钮到位后还用力拧旋钮； （5）三脚架未回收或仪器未正确装箱扣 10 分； （6）仪器损坏严重扣 40 分； （7）每超过时间 1 分钟扣 2 分		

开始时间： 时 分 结束时间： 时 分 总用时： 分秒

日 期： 培训师：

第七章　杆塔基础操平找正测量

第一节　混凝土杆基础操平找正测量

> **知识目标：**掌握混凝土杆基础操平找正的定义、测量方法及步骤。
> **技能目标：**熟练使用经纬仪测量混凝土杆基础操平找正及提高精度。
> **学习重点：**熟练使用经纬仪测量混凝土杆基础操平找正。

一、基本概念

（1）混凝土杆基础操平找正。"操平"是使基础的施工面（坑地面、底盘面、基础立柱面等）平整且标高符合设计要求。"找正"是使基础的前后、左右的位置（如底盘中心、基础底层的内外角、地脚螺栓等）置于设计要求的位置上。

（2）操平找正的用途。基础的操平找正是一项比较复杂而又细致的工作。如果由于方法不当或操作错误，将会给下道工序带来麻烦，甚至造成基础位移、组立杆塔困难等严重的质量事故。所以，施工操作人员必须十分重视，精心施工。它是决定基础工程质量的重要环节。

（3）操平找正按基础的型式分类及必备条件。基础的操平找正工作，按基础的型式不同分为混凝土杆基础、铁塔地脚螺丝基础和插入式基础等几种。无论哪种类型的基础，必须具备以下三个条件：

1）杆塔中心桩必须正确；

2）转角杆塔位移和分角坑必须正确；

3）根开、坑口、坑深尺寸必须符合设计图纸要求。

二、混凝土杆基础操平找正步骤

混凝土杆基础分为单杆和双杆两类，一般都有底盘。操平找正就是将底盘按设计放在坑底的正确位置。其步骤如下：

（1）双杆检查坑深及坑底操平。

1）将仪器放在杆塔中心桩或中心桩前后的线路中心线上的适当位置。

2）调整经纬仪使视线水平，固定垂直度盘，量取仪器高，将塔尺竖直立于坑底。读塔尺数为

$$M = i + A + H$$

式中　i——仪器高；

　　　A——施工基面；

　　　H——标准坑深。

3）在塔尺上将 M 值作一记号，将塔尺立于两基杆坑的中心及四角。若仪器水平视线与塔尺上记号重合，则表示坑深合适。

4）操平时，如果塔尺上的记号高于水平视线时，表示坑深不够，应再挖至标准位置；如果塔尺上的记号低于水平视线位置，则表示坑深超过要求的深度。其超深部分应按本章第二节 方法处理。基础操平图如图7-1所示。

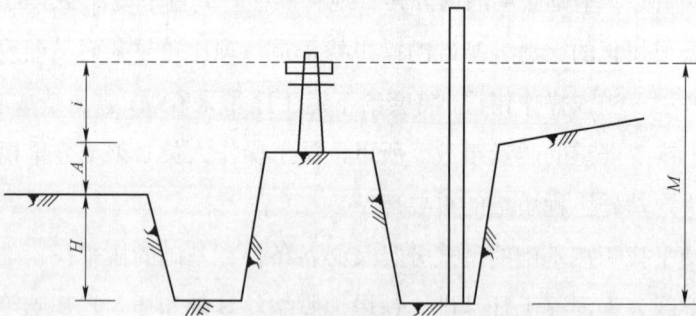

图 7-1　基础操平图

（2）度盘找正。

1）将底盘划好中心线并确定中心点，然后放入坑内进行找正。

2）仪器放在杆位中心桩上，前视或后相邻杆塔位于中心桩。度盘水平度盘

归零。然后将仪器转 90° 角，在此方向线上两基础坑的外侧各钉一辅助桩。

3）在两辅助桩拉一细铁丝。以中心为零点，用钢尺在铁线上向两侧量各量 1/2 根开距离，并划一记号。

4）在记号处悬吊一垂球，垂球尖端应对底盘中心位置。移动底盘使盘中心与垂球尖端对准即可。

5）度盘找正后，应再进行操作，若有误差，再进行调整及找正，直到两底盘都找正。

（3）单杆基础。单杆的杆位中心桩就是杆本身的中心位置，在分坑时已将中心桩移出，在线路方向适当距离有两个辅助桩，可以确定原中心桩位置，操平找正方法基本与双杆相同。

三、测量记录

测量记录见表 7-1。

表 7-1 测 量 记 录 表

测站	竖盘位置	目标	仪高读数	施工基面读数	标准坑深	备注
1	2	塔尺	i	A	H	

第二节　地脚螺栓基础操平找正测量

知识目标：掌握地脚螺栓基础操平找正的定义、测量方法及步骤。

技能目标：熟练使用经纬仪测量地脚螺栓基础操平找正及提高精度。

学习重点：熟练使用经纬仪测量地脚螺栓基础操平找正。

一、基本概念

（1）地脚螺栓基础操平找正。"操平"是使基础的施工面（坑地面、底盘面、基础立柱面等）平整且标高符合设计要求，"找正"是使基础的前后、左右的位置（如底盘中心、基础底层的内外角、地脚螺栓等）置于设计要求的位置上。

（2）操平找正的用途。基础的操平找正是一项比较复杂而又细致的工作。如果由于方法不当或操作错误，将会给下道工序带来麻烦，甚至造成基础位移、组立杆塔困难等严重的质量事故。所以，施工操作人员必须十分重视，精心施工。它是决定基础工程质量的重要环节。

（3）操平找正按基础的型式分类及必备条件。基础的操平找正工作，按基础的型式不同分为混凝土杆基础、铁塔地脚螺丝基础和插入式基础等几种。无论哪种类型的基础，必须具备以下三个条件：

1）杆塔中心桩必须正确；

2）转角杆塔位移和分角坑必须正确；

3）根开、坑口、坑深尺寸必须符合设计图纸要求。

二、地脚螺栓基础操平找正步骤

地脚螺丝基础分为等根开和不等根开基础两种，等根开底座横板位置示意图如图 7-2 所示。下面以等根开基础为例说明操作找正步骤。

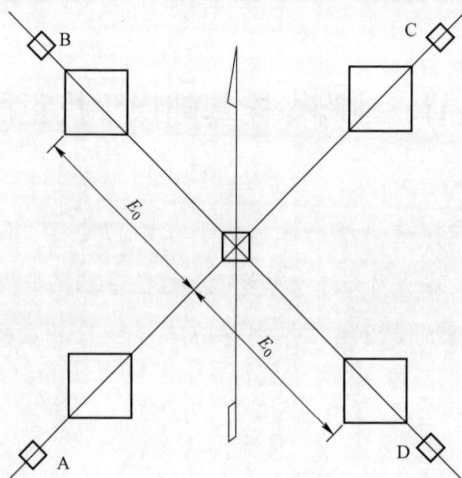

图 7-2　等根开底座横板位置示意图

（1）底盘模板找正。

1）仪器放在塔位中心桩上，在与线路中心线成 45°角、135°角方向，分别定出四个水平桩 A、B、C、D，水平桩顶部要求高出地脚螺丝 5～10cm。

2）对四个基础坑按混凝土基础桩的操作方法进行操平，并将四坑基础中心位置找出。

3）将底盘模板放入基坑内，对成正方形并且固定，在模板四边中点各钉一小钉，用线绳拉成十字，十字交点为盘底模板的中心位置。

4）将四个水平桩顶的小钉，用细铁线 A 与 B、C 与 D 分别相连，并拉紧固定。

5）用钢尺在水平桩上两条铁线的交点（即塔位中心桩 O 点）起，沿铁线量至坑口中心距离 $E_0 = \sqrt{2}\,X/2$，并划一找正记号。

6）底盘模板找正时，在记号处悬吊垂球，移动和调整底盘模板，使中心对准垂球尖，并使底盘模板的对角线与铁线的方向一致。X 为Ⅱ型杆塔的根开。

（2）立柱模板找正。

1）调整立柱模板下口的中心位置，使之与底盘模板中心相合，并用撑木固定。

2）找正立柱模板上口位置同底盘模板找正基本相同，找正时调整撑木，迫使上口中心与垂球尖端重合，并使上口对角线与铁线方向一致。

3）板模安装后应检查立柱模板的垂直度，并检查四个基础立柱模板上口中心的相互距离、对角线距离及基础顶面高差等项，使它们与规定的数据相符合。

（3）地脚螺丝找正。地脚螺丝大多用小样板法找正，如图 7-3 所示。小样板是用两条木板按地脚螺丝的规格，基础主柱对角线以及地脚螺丝相互间的距离、螺丝对角线距离 D 作成的样板。利用小样板进行地脚螺丝找正的步骤：

1）将地脚螺丝套入小样板内，并放在主模板上，检查并校正，使水平桩上两铁线相交点与塔位中心桩上小钉钉在同一铅垂线上。

2）以两铁线的相交点为中心点，如图 7-2 所示，用钢尺在 OA 铁线上量距离 $E+D/2$、$E-D/2$（D 为地脚螺丝对角线）得 1、2 两点，如图 7-3 所示。

3）找正时，使对角线上两地脚螺丝中心分别与1、2点在一铅垂线上，再调整3、4螺丝使2到4、1到3地脚螺丝距离都等于d，按以上办法找正另外三个小样板上地脚螺丝的位置。

4）地脚螺丝找正完后，对四个主柱的小样板操平，力求在同一平面上。检查地脚螺丝间距d，对角线D，四个螺丝间、四个基础间各螺丝距离都符合后，再把小样板固定在立柱模板上。

5）小样板固定后，按基础立柱标高测出基础面应在的位置，并做记号，然后按此记号适当调整各螺丝露出基础面长度。

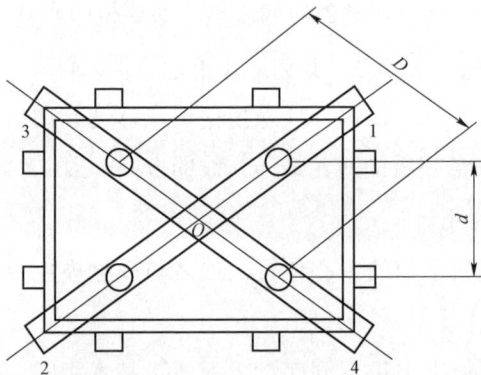

图 7-3　地脚螺丝找正小样板图

三、测量记录

测量记录见表 7-2。

表 7-2　　　　　　　　　测 量 记 录 表

测站	水平位置	目标	水平读盘读数	备注
		A	45°00′00″	
		B	135°00′00″30″	
		C	225°00′00″30″	
		D	315°00′00″30″	

第三节　插入式基础操平找正测量

> **知识目标：** 掌握插入式基础操平找正的定义、测量方法及步骤。
>
> **技能目标：** 熟练使用经纬仪测量插入式基础操平找正及提高精度。
>
> **学习重点：** 熟练使用经纬仪测量插入式基础操平找正。

一、基本概念

（1）插入式基础操平找正。"操平"是使基础的施工面（坑地面、底盘面、基础立柱面等）平整且标高符合设计要求，"找正"是使基础的前后、左右的位置（如底盘中心、基础底层的内外角、地脚螺栓等）置于设计要求的位置上。

（2）操平找正的用途。基础的操平找正是一项比较复杂而又细致的工作。如果由于方法不当或操作错误，将会给下道工序带来麻烦，甚至造成基础位移、组立杆塔困难等严重的质量事故。所以，施工操作人员必须十分重视，精心施工。它是决定基础工程质量的重要环节。

（3）操平找正按基础的型式分类及必备条件。基础的操平找正工作，按基础的型式不同分为混凝土杆基础、铁塔地脚螺丝基础和插入式基础等几种。无论哪种类型的基础，必须具备以下三个条件：

1）杆塔中心桩必须正确；

2）转角杆塔位移和分角坑必须正确；

3）根开、坑口、坑深尺寸必须符合设计图纸要求。

二、插入式基础操平找正步骤

插入式基础种类较多，有浇制和预制装配式等高腿和不等高腿，等根开和不等根开基础等数种。它们的操平找正方式基本相同，但也各有自己的特点。

（1）浇制式基础坑底和垫块操平找正。

1）按混凝土杆操平方法操作坑底后，将混凝土垫块放入坑内，并在垫块中心放一标记以便找正。

2）仪器在中心桩上架好，测量出对角线，在坑外侧钉补助桩，中心桩至补助桩拉一钢尺，并在半对角线外悬挂一垂球，待垂球静止时移动垫块，用垫块中心点恰对准垂球点。

3）四个基坑的垫块找正好后进行操平，使垫块均在同一水平面上。

（2）塔脚操平找正。

1）如图7-4所示，将塔腿上部第一层塔材组装好后，进行塔腿的操平找正。

2）为了测量方便，先将塔腿主材位于基础面半根开处，画以明显印记。

3）用钢尺测量任一面相邻两塔脚印记距离是否与设计尺寸相符，并用仪器控制半根开是否在视点上，如不在视点上则拨动塔腿直到符合为止，其他各面也同样处理，但在拨正一面时，另一面也受到影响，所以要反复多次。如图7-5所示。

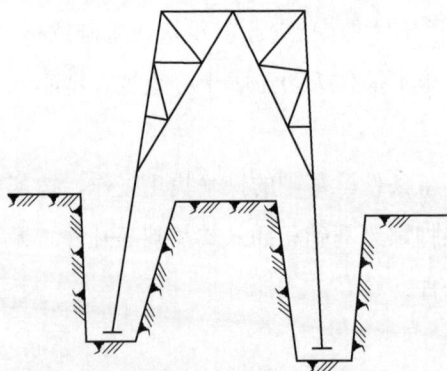

图7-4 塔脚操平找正图   图7-5 塔腿拨正图

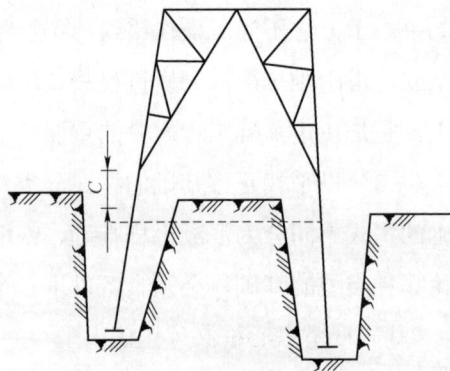

4）各塔脚找正后，在四个塔腿同一高度处或同印记处，沿塔腿拉一钢尺，再将望远镜调平测量各塔腿高差，如不在同一水平上，按其误差使用楔形铁垫垫平，然后再全面观测一次，直到四个塔腿水平误差在允许值以内，调正塔腿高差也要反复多次。

如果地势影响，印记视线挡住时，应另量新印记作尺寸计算。新印记处根开 B 计算表达式为

$$B = A - 2 \times C \cdot \frac{X_2}{X_1}$$

式中 A——原印记处根开;

B——新印记处根开;

C——自原印记处向上量的已知距离;

$\dfrac{X_2}{X_1}$——塔腿设计坡度比。

（3）模板找正。插入式基础的底模板和立柱模板位置是根据塔脚主材位置决定的，找底座模板首先算出半个立柱模板上口宽减角钢准距 e 值，测量出四个 A 点位置并拉上线绳，使线绳与塔脚两边相切，然后将四个底模操平。e 值表达式为

$$e = \frac{L}{2} + h \cdot M - d$$

式中 L——底模上口尺寸，cm;

h——垫块顶面至模上口的高度，cm;

d——角钢准距;

M——塔腿坡度比。

立柱模板上口的找正，同底座模板找正一样，它的 e 值如图 7-6 所示。

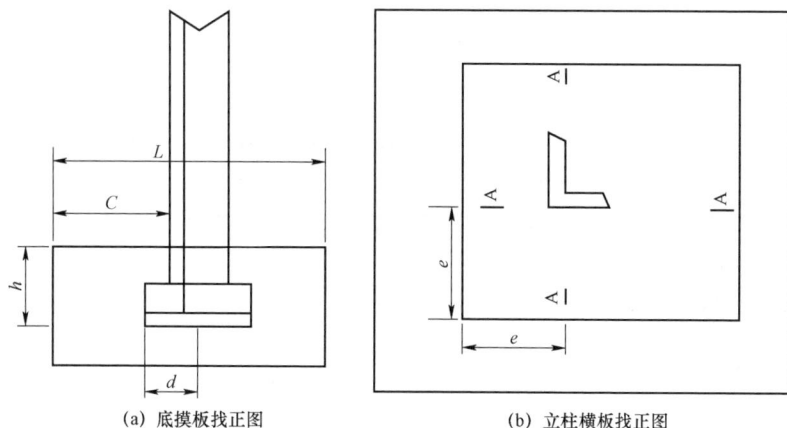

(a) 底摸板找正图　　　　　(b) 立柱横板找正图

图 7-6 模板找正示意图

二、预制装配式基础

预制装配式基础的底座，一般用角钢或混凝土预制块装配而成，在进行拨正或调整高差时，移动很不方便。所以要求在坑底操作或下底座时要仔细测量，必须使坑底平整，并使底座位置尽量准确，操平找正方法与上述方法相同。

三、不等高塔腿找正

不等高塔腿，因长腿坑中心斜距离与短腿坑中心斜距离不相等，所以坑底之根开及半对角线也不相等，下垫块或垫底座时，要特别注意。找正时因长短腿基础面印记不在同一高度，可自长短腿上端同一螺丝往下量同一距离所作印记进行拨正。

四、不等根开基础

因塔腿部正侧两面的根开数不同，找正时很易出错，所以操作时要作出明显的标记，并作随时检查。

以上预制装配式基础、不等高塔腿基础及不等根开基础的操平找正法，与浇制式基础有关部分的操作方法相同，可按相应方法进行。

关于基础的操平找正，应严格达到准确无误。但是，实际操作时，由于各方面因素的影响，不可能达到十分准确。在不影响工程质量前提下，规程定出了允许误差值见表 7-3。

表 7-3　　　　　　　　　整基铁塔基础尺寸允许误差表

误差项目		地脚螺栓式		主角铁插入式		高塔基础	拉线塔基础
		直线	转角	直线	转角		
基础中心与中心桩之间位移（mm）	横线路方向	30	30	30	30	30	30
	顺线路方向	—	30	—	30	—	—
基础跟开及对角尺寸		±2%		±1%		±0.7%	—
基础顶面间线主角钢操平印记间相对高度（mm）		5		5		5	—
整基基础的扭转（′）		10		10		5	—

注　1. 转角塔基础的横线路方向系指内角平分线方向；顺线路方向系指转角平分线方向。

　　2. 基础根开系指同组地脚螺栓中心之间以及塔腿主角铁准线之间的距离。

　　3. 转角或终端塔的基础顶面在操平时，应使受压侧较高或按照设计要求。

五、测量记录

测量记录见表 7-4。

表 7-4　　　　　　　　测 量 记 录 表

测站	水平位置	对角线距离	原印记处跟开	新印记处跟开	自原印记处向上量的距离	备注

第四节　杆塔基础操平找正测量考核评分表

杆塔基础操平找正测量考核表

姓名：_____　　　　考号：_____

单位：_____　　　　得分：_____

考核时间：15 分钟

题目	杆塔基础操平找正测量
考核要求	1. 准备工作合理 2. 正确安置经纬仪 3. 整平符合要求 4. 照准目标精确 5. 读数准确、计算无误 6. 操作流程熟练、动作规范 7. 遵守考场纪律 8. 测量方法与思路正确 9. 每超过 1 分钟扣分 2 分
测量记录及计算	

杆塔基础操平找正测量评分表

考核项目	配分	考核要求	得分	备注
作业准备	5	（1）准备工器具齐全，差一种工具扣1分； （2）准备工器具合理，不合理一处扣1分		
技能操作	95	（1）经纬仪基座超出三脚架的顶面的边缘扣2分； （2）仪器对中超过3mm扣6分，整平超过一格扣6分； （3）竖盘气泡（圆、管水准气泡）调整不符合要求扣4分； （4）脚旋钮没有调整到中间位置扣5分； （5）十字丝调整不清晰和目标照准不正确扣5～10分； （6）测量水平角读数正确，误差超过仪器最小刻度扣5分； （7）自动补偿装置未打开扣5分； （8）仪器高度（或三脚架开度）不合适扣5分； （9）计算水平角不正确扣5分； （10）测量方法与思路不正确扣5～15分		
其他扣分		出现下列行为扣负分： （1）水平制动或垂直制动螺旋未松开，转动一次水平度盘或者垂直度盘一次扣10分； （2）水平制动或垂直制动螺旋未松开扣5分； （3）自动补偿装置未关扣5分； （4）仪器各部旋钮操作不正当一次扣5分，如旋钮拧得太紧，或者旋钮到位后还用力拧旋钮； （5）三脚架未回收或仪器未正确装箱扣10分； （6）仪器损坏严重扣40分； （7）每超过时间1分钟扣2分		

开始时间：　　时　　分　　　　结束时间：　　时　　分　　　总用时：　　　分　秒

日　　期：　　　　　　　　培训师：

第八章 杆塔倾斜测量

第一节 直线杆塔倾斜测量

知识目标： 掌握杆塔倾斜测量的定义、测量方法、测量步骤及计算。

技能目标： 熟练使用经纬仪测量杆塔倾斜测量及提高观测精度。

学习重点： 熟练使用经纬仪测量杆塔倾斜测量。

一、基本概念

（1）杆塔倾斜。指杆塔中心点偏移值与杆塔之比。

（2）杆塔倾斜的测量。在输配电线路施工、运行过程中，测量杆塔倾斜。

（3）杆塔倾斜测量公式为

$$S = \frac{\sqrt{\Delta x^2 + \Delta y^2}}{H}$$

式中　Δx——杆塔结构在横线路方向上的倾斜值；

　　　Δy——杆塔结构在顺线路方向上的倾斜值；

　　　H——杆塔的视点高度，视点应区分正、侧面视点 1 和正、侧面视点 2。

二、直线水泥杆操作步骤

（1）水泥杆结构在横线路方向上的倾斜值 Δx 如图 8-1 所示。

1）将经纬仪安置在线路中心线的辅助桩上，对中、精确整平；

2）用经纬仪瞄准水泥杆横担的中点 O 点，调整望远镜物镜及目镜，使十字丝达到最清晰；

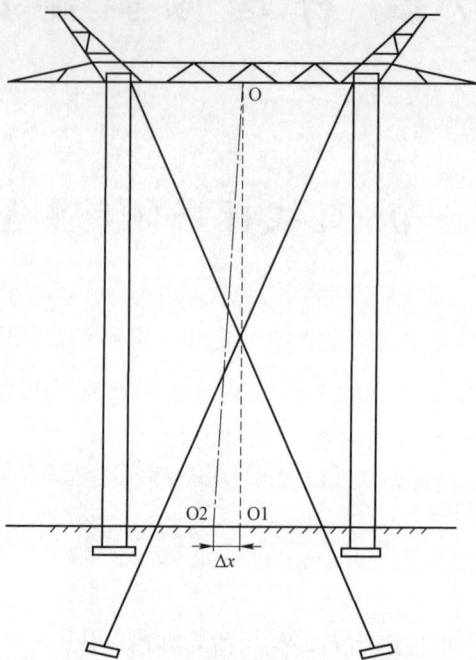

图 8-1　直线水泥杆结构示意图

3）锁定水平螺旋，调整望远镜物俯视水泥杆根部，使目镜十字中丝与水泥杆根开中心点 O2 重合并达到最清晰；

4）找出水泥杆中心点 O1；

5）如水泥杆根开中心点 O2 与水泥杆中心点 O1 重合，表明水泥杆结构在横线路方向上没有倾斜；

6）如量出水泥杆根开中心点 O2 与水泥杆中心点 O1 间的水平距离Δx，Δx即为表明水泥杆结构在横线路方向上的倾斜值，例如：量出Δx为 0.128m。

（2）水泥杆结构在顺线路方向上的倾斜值Δy如图 8-2 所示。

1）将经纬仪安置在横线路方向的辅助桩 C 点上，对中、精确整平。

2）用经纬仪瞄准平分水泥杆横担中点的杆身 O 点，调整望远镜物镜及目镜，使十字丝达到最清晰。

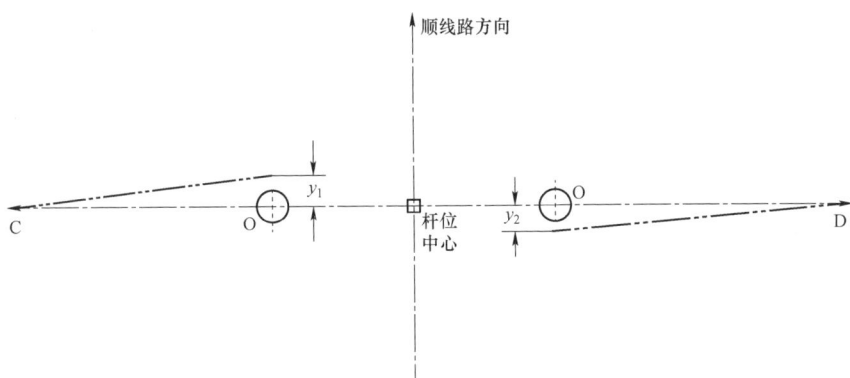

图 8-2 直线水泥杆顺线路方向的测量示意图

3）锁定水平螺旋，调整望远镜物俯视水泥杆根部，使目镜十字中丝与水泥杆根开 O1 并达到最清晰。

4）找出水泥杆中心点 O。

5）如水泥杆 O1 与水泥杆根开 O 重合，表明水泥杆结构在顺线路方向上没有倾斜。

6）如量出水泥杆 O1 与水泥杆根开 O 间的水平距离 y_1，例如：量出 y_1 为 0.16m。

按上述步骤在将经纬仪放置在 D 点，量出水泥杆 O2 与水泥杆根开 O 间的水平距离 y_2；量出 y_2 为 0.21m。

7）水泥杆结构在横线路方向上的倾斜值 Δy：

当 y_1 与 y_2 在水泥杆中心桩的同侧时

$$\Delta y = \frac{y_1 + y_2}{2}$$

当 y_1 与 y_2 在水泥杆中心桩的不同侧时

$$\Delta y = \frac{|y_1 - y_2|}{2}$$

本例 y_1 与 y_2 为不同侧，则

$$\Delta y = \frac{|y_1 - y_2|}{2} = \frac{|0.16 - 0.21|}{2} = 0.025\text{m}$$

8）查水泥杆结构图或测量出图 8-1 所示水泥杆横担 O 点对 O2 点垂直距

离 H，得 H 为 10.5m。

9）整基水泥杆的倾斜值为

$$S = \frac{\sqrt{\Delta x^2 + \Delta y^2}}{H} = \frac{\sqrt{0.128^2 + 0.025^2}}{10.5} = 0.012\,42$$

三、直线铁塔操作步骤

（1）铁塔结构在横线路方向上的倾斜值 Δx 如图 8-3 所示。

1）将经纬仪安置在顺线路方向中心线的辅助桩上，对中、精确整平。

2）用经纬仪瞄准铁塔顶横担的中心点，调整望远镜物镜及目镜，使十字丝达到最清晰。

3）锁定水平螺旋，调整望远镜物镜俯视铁塔接腿处 c1 点，使目镜十字中丝与铁塔接腿处 c1 点重合并达到最清晰。

4）找出铁塔接腿处中心 c 点。

5）如铁塔 c1 与铁塔接腿处中心 c 点重合，表明铁塔结构在横线路方向上没有倾斜。

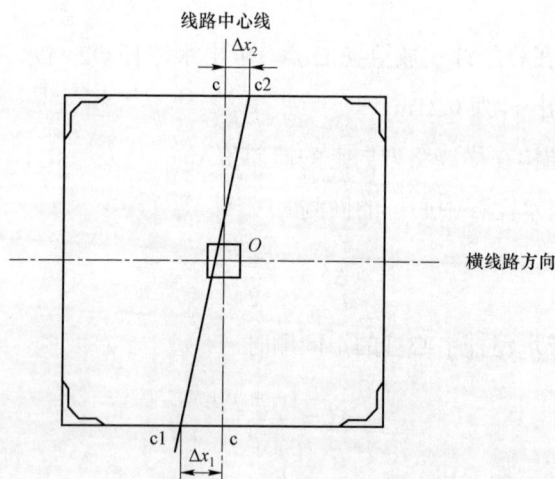

图 8-3　直线铁塔结构在横线路方向上的倾斜值示意图

6）如量出铁塔 c1 点与铁塔接腿处中心 c 点的水平距离 Δx_1，Δx_1 即为表明铁塔结构正面在横线路方向的倾斜值。

7）将经纬仪移至铁塔背面顺线路方向中心线的辅助桩上适当位置上安置，依上述同样观测方法，测出铁塔结构背面在横线路方向的倾斜值Δx_2。则铁塔本体结构在横线路方向的倾斜值为：

当Δx_1与Δx_2在横线路方向不同侧时

$$\Delta x = \frac{|\Delta x_1 - \Delta x_2|}{2}$$

当Δx_1与Δx_2在横线路方向同一侧时

$$\Delta x = \frac{\Delta x_1 + \Delta x_2}{2}$$

（2）铁塔结构在顺线路方向上的倾斜值Δy如图 8-4 所示。

1）再将经纬仪分别移至通过塔位中心桩的横线路方向适当位置辅助桩上安置，对中、精确整平。

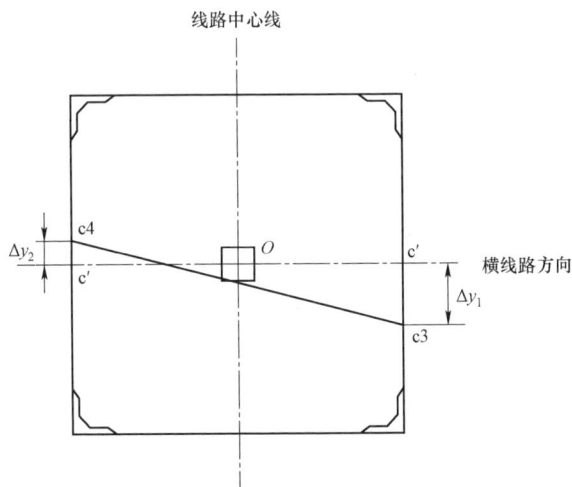

图 8-4　直线铁塔结构在顺线路方向上的倾斜值示意图

2）用经纬仪瞄准铁塔顶横担轴线的中心点，调整望远镜物镜及目镜，使十字丝达到最清晰。

3）锁定水平螺旋，调整望远镜物镜俯视铁塔接腿处 c3 点，使目镜十字中丝与铁塔接腿处 c3 点并达到最清晰。

4）找出铁塔接腿处中心 c′ 点。

5）如铁塔 c3 与铁塔接腿处中心 c′ 点重合，表明铁塔结构在顺线路方向上没有倾斜。

6）如量出铁塔 c3 与铁塔接腿处中心 c′ 点的水平距离 Δy_1，Δy_1 即为表明铁塔结构一侧在顺线路方向的倾斜值。

7）将经纬仪移至铁塔另一横线路方向中心线的辅助桩上适当位置上安置，依上述同样观测方法，测出铁塔结构另一顺线路方向的倾斜值 Δy_2。则铁塔本体结构在顺线路方向的倾斜值为：

当 Δy_1 与 Δy_2 在顺线路方向不同侧时

$$\Delta y = \frac{\left| \Delta y_1 - \Delta y_2 \right|}{2}$$

当 Δy_1 与 Δy_2 在顺线路方向同一侧时

$$\Delta y = \frac{\Delta y_1 + \Delta y_2}{2}$$

8）查铁塔结构图或测量出铁塔横担 a 点对 c 垂直距离 H。

9）整基铁塔结构倾斜值为

$$S = \frac{\sqrt{\Delta x^2 + \Delta y^2}}{H}$$

四、测量记录

测量记录见表 8-1。

表 8-1　　　　　　　　　　测 量 记 录 表

参数	Δx	y_1	y_2	H
测量读数				
测量公式	$S = \dfrac{\sqrt{\Delta x^2 + \Delta y^2}}{H}$ ，其中 $\Delta y = \dfrac{y_1 - y_2}{2}$ 或 $\Delta y = \dfrac{\left\| y_1 - y_2 \right\|}{2}$			
计算结果				

第二节 转角及终端杆塔倾斜测量

> **知识目标**：掌握转角及终端杆塔倾斜测量的定义、测量方法、测量步骤及计算。
>
> **技能目标**：熟练使用经纬仪测量转角及终端杆塔倾斜测量及提高观测精度。
>
> **学习重点**：熟练使用经纬仪测量转角及终端杆塔倾斜测量。

一、基本概念

（1）杆塔倾斜。指杆塔中心点偏移值与杆塔之比。对于转角杆塔来说，杆塔中心点分为无位移和有位移两种，一种是杆塔中心点即是转角杆塔的中心点，另一种是杆塔中心点不是转角杆塔的杆塔位桩，转角杆塔位桩与杆塔位中心点之间有一段距离。

（2）杆塔倾斜的测量。在输配电线路施工、运行过程中，测量杆塔倾斜。

（3）杆塔倾斜测量公式为

$$S = \frac{\sqrt{\Delta x^2 + \Delta y^2}}{H}$$

式中 Δx——杆塔结构在横线路方向上的倾斜值；

   Δy——杆塔结构在顺线路方向上的倾斜值；

   H——杆塔的视点高度，视点应区分正、侧面视点 1 和正、侧面视点 2。

二、转角及终端杆倾斜测量的操作步骤

（1）水泥杆结构在横线路方向上的倾斜值Δx见上节图 8-1。

1）将经纬仪安置在垂直于线路角平分线的辅助桩上，对中、精确整平；

2）用经纬仪瞄准水泥杆横担的中点 O 点，调整望远镜物镜及目镜，使十

字丝达到最清晰；

3）锁定水平螺旋，调整望远镜物俯视杆塔根部，使目镜十字中丝与水泥杆根开 O2 并达到最清晰；

4）找出水泥杆中心点 O1；

5）如水泥杆 O2 与水泥杆根开 O1 重合，表明水泥杆结构在横线路方向上没有倾斜；

6）如量出水泥杆 O2 与水泥杆根开 O1 间的水平距离 Δx，Δx 即为表明水泥杆结构在横线路方向上的倾斜值。例如量出 Δx 为 0.128m。

（2）水泥杆结构在顺线路方向上的倾斜值 Δy 如图 8−5 所示。

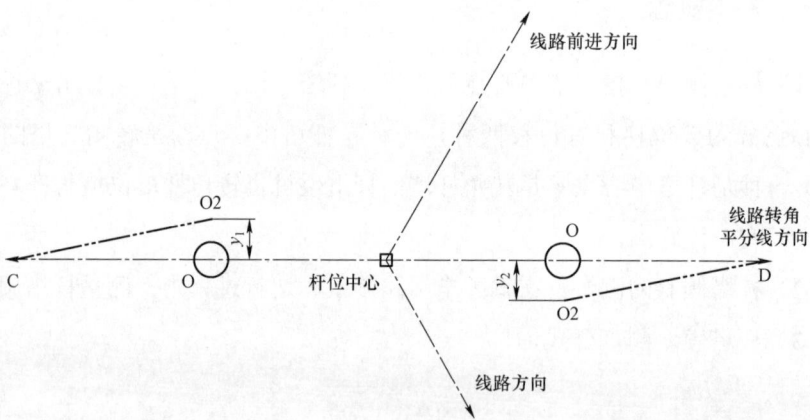

图 8−5　水泥杆结构在顺线路方向上的倾斜值

1）将经纬仪安置在水泥杆中心点横线路方向（线路转角的角平分线）的辅助桩 C 点上，对中、精确整平。

2）用经纬仪瞄准平分水泥杆横担中点的杆身 O 点，调整望远镜物镜及目镜，使十字丝达到最清晰。

3）锁定水平螺旋，调整望远镜物俯视水泥杆根部，使目镜十字中丝与水泥杆根开 O1 并达到最清晰。

4）找出水泥杆中心点 O。

5）如水泥杆 O1 点与水泥杆中心点 O 重合，表明水泥杆结构在顺线路方向上没有倾斜。

6）如量出水泥杆 O1 点与水泥杆中心点 O 间的水平距离 y_1，例如量出 y_1 为 0.16m。

按上述步骤在将经纬仪放置在 D 点，量出水泥杆 O2 与水泥杆根开 O 间的水平距离 y_2，y_2 为 0.21m。

7）水泥杆结构在横线路方向上的倾斜值 Δy：

当 y_1 与 y_2 在水泥杆中心桩的同侧时

$$\Delta y = \frac{y_1 + y_2}{2}$$

当 y_1 与 y_2 在水泥杆中心桩的不同侧时

$$\Delta y = \frac{|y_1 - y_2|}{2}$$

本例 y_1 与 y_2 为不同侧

$$\Delta y = \frac{|0.16 - 0.21|}{2} = 0.025 \text{m}$$

8）查水泥杆结构图或测量出图 8-1 水泥杆横担 O 点对 O2 点垂直距离 H，得 H 为 10.5m。

9）整基水泥杆的倾斜值

$$S = \frac{\sqrt{\Delta x^2 + \Delta y^2}}{H} = \frac{\sqrt{0.128^2 + 0.025^2}}{10.5} = 0.012\,42$$

（3）测量记录见表 8-2。

表 8-2　　　　　　　　　测 量 记 录 表

参数	Δx	y_1	y_2	H
测量读数				
测量公式	$S = \dfrac{\sqrt{\Delta x^2 + \Delta y^2}}{H}$，其中 $\Delta y = \dfrac{y_1 + y_2}{2}$ 或 $\Delta y = \dfrac{|y_1 - y_2|}{2}$			
计算结果				

三、耐张转角铁塔倾斜值测量的操作步骤

（1）铁塔结构在顺线路方向上的倾斜值 Δy 如图 8-6 所示。

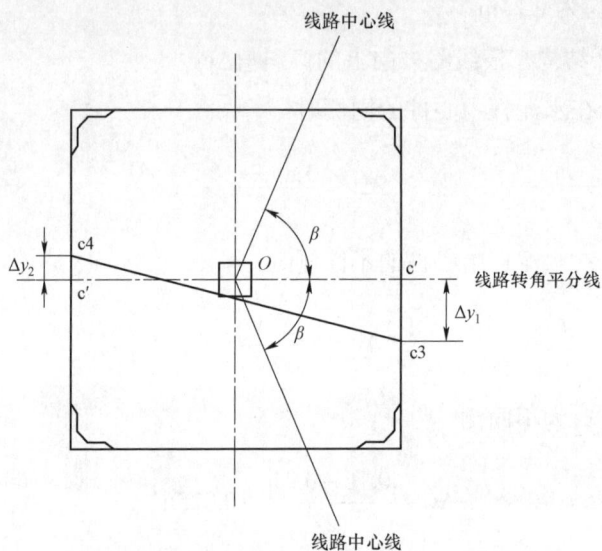

图 8-6　铁塔结构顺线路方向上的测量示意图

1）将经纬仪安置在转角塔线路转角平分线方向的辅助桩上，对中、精确整平。

2）用经纬仪瞄准铁塔顶横担轴线的中心点，调整望远镜物镜及目镜，使十字丝达到最清晰。

3）锁定水平螺旋，调整望远镜物镜俯视铁塔接腿处 c3 点，使目镜十字中丝与铁塔接腿处 c3 点并达到最清晰。

4）找出铁塔接腿处中心 c′点。

5）如铁塔 c3 与铁塔接腿处中心 c′点重合，表明铁塔结构在顺线路方向上没有倾斜。

6）如量出铁塔 c3 与铁塔接腿处中心 c′点的水平距离 Δy_1，Δy_1 即为表明铁塔结构一侧在顺线路方向的倾斜值。

7）将经纬仪移至另一转角塔线路转角平分线方向中心线的辅助桩上，对中、精确整平；适当位置上安置，依上述同样观测方法，测出铁塔结构另一顺线路方向的倾斜值Δy_2。

（2）如下图所示：铁塔结构在横线路方向上的倾斜值Δy如图8-7所示。

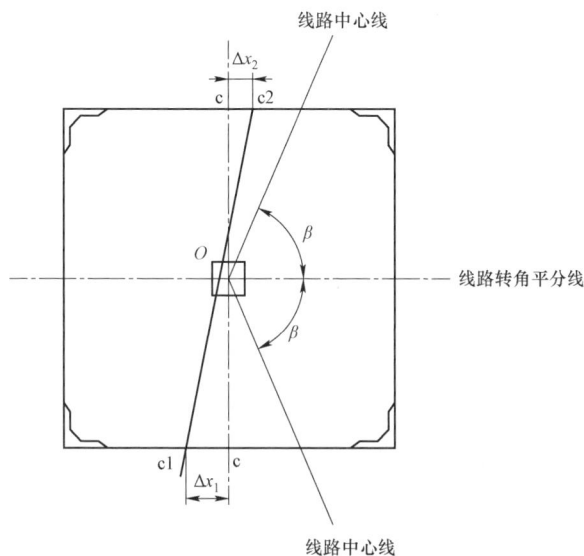

图8-7 铁塔结构横方向上的测量示意图

1）将经纬仪安置在转角塔线路转角平分线垂线方向的辅助桩上，对中、精确整平。

2）用经纬仪瞄准铁塔顶横担的中心点，调整望远镜物镜及目镜，使十字丝达到最清晰。

3）锁定水平螺旋，调整望远镜物镜俯视铁塔接腿处c1点，使目镜十字中丝与铁塔接腿处c1点重合并达到最清晰。

4）找出铁塔接腿处中心c点。

5）如铁塔c1与铁塔接腿处中心c点重合，表明铁塔结构在横线路方向上没有倾斜。

6）如量出铁塔c1与铁塔接腿处中心c点的水平距离Δx_1，Δx_1即为表明铁塔结构正面在横线路方向的倾斜值。

7）将经纬仪移至铁塔背面转角塔线路转角平分线垂线方向的辅助桩上适当位置上安置，依上述同样观测方法，测出铁塔结构背面在横线路方向的倾斜值Δx_2。则铁塔本体结构在横线路方向的倾斜值为：

当Δx_1与Δx_2在横线路方向不同侧时

$$\Delta x = \frac{|\Delta x_1 - \Delta x_2|}{2}$$

当Δx_1与Δx_2在横线路方向同一侧时

$$\Delta x = \frac{\Delta x_1 + \Delta x_2}{2}$$

8）则铁塔本体结构在顺线路方向的倾斜值为：

当Δy_1与Δy_2在顺线路方向不同侧时

$$\Delta y = \frac{|\Delta y_1 - \Delta y_2|}{2}$$

当Δy_1与Δy_2在顺线路方向同一侧时

$$\Delta y = \frac{\Delta y_1 + \Delta y_2}{2}$$

9）查铁塔结构图或测量出铁塔横担 a 点对 c 点垂直距离 H。

10）整基铁塔结构倾斜值 $S = \dfrac{\sqrt{\Delta x^2 + \Delta y^2}}{H}$

（3）测量记录见表 8–3。

表 8–3　　　　　　　　　　测 量 记 录 表

参数	Δx	y_1	y_2	H
测量读数				
测量公式	$S = \dfrac{\sqrt{\Delta x^2 + \Delta y^2}}{H}$ 其中$\Delta y = \dfrac{y_1 - y_2}{2}$ 或$\Delta y = \dfrac{|y_1 - y_2|}{2}$			
计算结果				

第三节　杆塔倾斜（直线、转角及终端杆塔）测量考核评分表

杆塔倾斜（直线、转角及终端杆塔）测量考核表

姓名：_____　　　　　考号：_____

单位：_____　　　　　得分：_____

考核时间：30 分钟

题目	杆塔倾斜（直线、转角及终端杆塔）测量
考核要求	1. 准备工作合理 2. 正确安置经纬仪 3. 整平符合要求 4. 照准目标精确 5. 读数准确、计算无误 6. 操作流程熟练、动作规范 7. 遵守考场纪律 8. 测量方法与思路正确 9. 每超过 1 分钟扣分 2 分
测量记录及计算	

杆塔倾斜（直线、转角及终端杆塔）测量评分表

考核项目	配分	考核要求	得分	备注
作业准备	5	（1）准备工器具齐全，差一种工具扣 1 分； （2）准备工器具合理，不合理一处扣 1 分		
技能操作	95	（1）经纬仪基座超出三脚架的顶面的边缘扣 2 分； （2）仪器整平超过一格扣 5 分； （3）脚旋钮没有调整到中间位置扣 2 分； （4）十字丝和目标调整不清晰一次扣 2~5 分； （5）经纬仪安置在顺线路中心线或转角杆塔的辅助桩不准确扣 2~10 分； （6）经纬仪安置在横线路或转角角平分线上的辅助桩不准确扣 2~10 分； （7）测量杆塔结构在顺、横线路方向上的倾斜值正确，误差超过 1~2mm 一次扣 2 分，超过 3~5mm 一次扣 5 分，超过 5mm 一次扣 10 分； （8）三脚架开度不合适扣 5 分； （9）计算杆塔的倾斜值不正确扣 5~15 分； （10）测量方法与思路不正确扣 5~20 分		

续表

考核 项目	配分	考核要求	得分	备注
其他 扣分		出现下列行为扣负分： （1）水平制动或垂直制动螺旋未松开，转动一次水平度盘或者垂直度盘一 次扣 10 分； （2）水平制动或垂直制动螺旋未松开扣 5 分； （3）自动补偿装置未关扣 5 分； （4）仪器各部旋钮操作不正当一次扣 5 分，如旋钮拧得太紧，或者旋钮到 位后还用力拧旋钮； （5）三脚架未回收或仪器未正确装箱扣 10 分； （6）仪器损坏严重扣 40 分； （7）每超过时间 1 分钟扣 2 分		

开始时间：　　时　　分　　　　结束时间：　　时　　分　　　总用时：　　分　秒

日　　期：　　　　　　　　培训师：

第九章 交 叉 跨 越 测 量

第一节 线路与建筑物及地面的垂直距离测量

知识目标：掌握垂直距离的定义、测量方法、测量步骤及计算。

技能目标：熟练使用经纬仪测量线路与建筑物及地面的垂直距离及提高观测精度。

学习重点：熟练使用经纬仪测量线路与建筑物及地面的垂直距离。

一、基本概念

（1）导线对地距离。指架空电力线路的导线在路径通道内对地面的垂直距离。

（2）导线对地距离测量用途。在输配电线路设计、运行测量过程中，测量导线与地面之间的垂直距离。

（3）导线对地距离测量公式为

$$\Delta H = D\left(\tan\alpha_1 \pm \tan\theta\right) + h$$

$$D = KR\cos^2\theta$$

式中　ΔH ——导线与地面任意点的垂直距离；

　　　D ——OA 间的水平距离；

　　　α_1 ——测量导线的垂直角；

　　　θ ——经纬仪对塔尺的垂直角；

　　　h ——塔尺的中丝；

K——常数，数值为100；

R——上丝减下丝的值。

二、操作步骤

导线对地的垂直距离ΔH如图9-1所示。

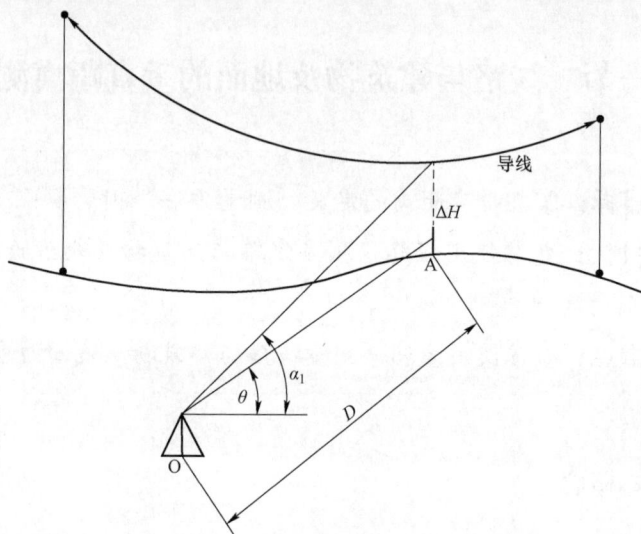

图9-1　导线对地距离测量示意图

（1）将经纬仪安在测点线路垂直方向，在O点架设经纬仪，对中、精确整平。

（2）在测点导线正下方A点处垂直放置塔尺，用经纬仪瞄准塔尺上任意一点，锁定度盘。

（3）调整望远镜物镜及目镜，使塔尺及十字丝达到最清晰，读取塔尺上的上丝、下丝、中丝刻度，例如读得上丝为1.65m，下丝为1.40m，中丝$i=1.53$cm，记入记录簿。观察读数显微镜中垂直度盘读数，例如读数为 72°31′30″，则$\theta=90°-$垂直度盘读数$=90°-72°31′30″=17°28′30″$。

（4）锁定水平螺旋，调整望远镜物镜瞄准导线，使目镜十字中丝与导线相切并达到最清晰，观察读数显微镜中垂直度盘读数，例如读数为65°08′11″，则

$\alpha_1 = 90° - $ 垂直度盘读数 $= 90° - 65°08'11'' = 24°51'49''$。

（5）求值：

$$D = KR\cos^2\theta = 100 \times (1.65 - 1.4)\cos^2 17°28'30'' = 22.73 \text{（m）}$$

$$\Delta H = D(\tan\alpha_1 - \tan\theta) + h = 22.73 \times (\tan 24°51'49'' - \tan 17°28'30'') + 1.53$$
$$= 49.02 \text{（m）}$$

三、测量记录

测量记录见表 9-1。

表 9-1　　　　　　　　　　　测 量 记 录 表

参数	上丝	下丝	中丝	竖盘读数 θ	导线竖盘读数 α_1
测量读数					
测量公式					
计算结果					

第二节　线路与线路交叉跨越距离测量

> **知识目标**：掌握交叉跨越的定义、测量方法、测量步骤及计算。
> **技能目标**：熟练使用经纬仪测量线路与线路交叉跨越距离及提高读数（观测）精度。
> **学习重点**：熟练使用经纬仪测量线路与线路交叉跨越距离。

一、基本概念

（1）交叉跨越。指架空电力线路的路径通道内有铁路、公路、电力线路、通信线等障碍物，导地线从障碍物上方跨越或从障碍物下方穿过。

（2）交叉跨越的测量。在输配电线路设计、运行测量过程中，测量导地线与交叉跨越物之间的垂直距离。

（3）交叉跨越距离测量公式

$$\Delta H = D(\tan\alpha_1 - \tan\alpha_2)$$

$$D = KR\cos^2\theta$$

式中　ΔH ——A 线与 B 线交叉跨越点的垂直距离；

　　　D ——OA 间的水平距离；

　　　α_2 ——跨越 A 线的垂直角；

　　　α_1 ——跨越 B 线的垂直角；

　　　K ——常数，数值为 100；

　　　R ——上丝减下丝的值。

因为测量时导线的弧垂并不一定是最大弧垂情况，因此导线在最大弧垂时的交叉跨越距离 H_0 为

$$H_0 = \Delta H - \Delta f$$

$$\Delta f_x = 4\left(\frac{x}{l} - \frac{x^2}{l^2}\right)\left[\sqrt{f^2 + \frac{3l^4}{8l_0^2}a(t_m - t)} - f\right]$$

式中　Δf_x ——测量时导线弧垂 f_x 换算为最高温度时导线弧垂的增量，即由测量时的温度 t 升高到最高温度 t_m 时导线弧垂的增量；

　　　f ——测量时导线档距中央的弧垂；

　　　f_x ——测量时导线在交叉点的弧垂；

　　　l ——交叉点所在电力线路的档距；

　　　l_0 ——代表档距；

　　　t_m ——最高温度；

　　　t ——测量时的温度；

　　　a ——导线热膨胀系数；

　　　x ——交叉点到最近杆塔的距离。

二、操作步骤

A 线与 B 线交叉跨越的垂直距离 ΔH 如图 9-2 所示。

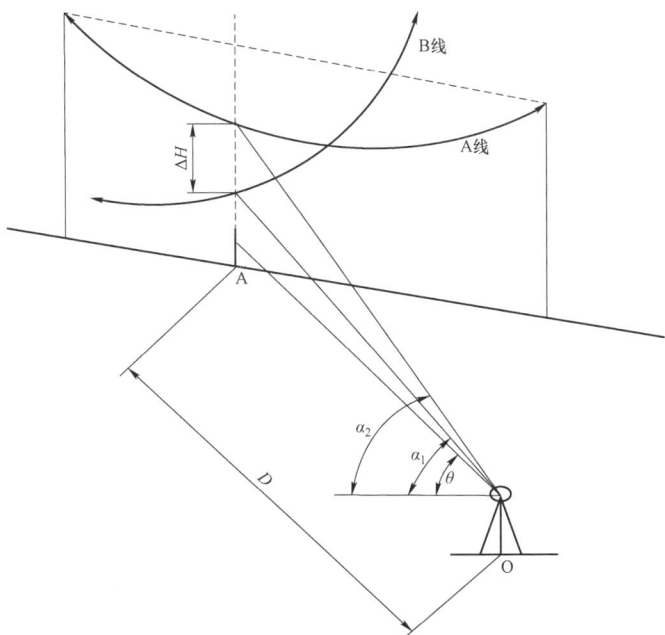

图 9-2　线线交叉跨越垂直距离测量示意图

（1）在 O 点架设经纬仪，对中、精确整平。

（2）在 A 线与 B 线交叉跨越点正下方 A 点处垂直放置塔尺，用经纬仪瞄准塔尺上任意一点，锁定度盘。

（3）调整望远镜物镜及目镜，使塔尺及十字丝达到最清晰，读取上丝、下丝塔尺上的刻度，例如读得上丝为 165cm，下丝为 140cm，记入记录簿。观察读数显微镜中垂直度盘读数，例如读数为 72°31'30″，则 $\theta = 90°$ - 垂直度盘读数 $= 90° - 72°31'30″ = 17°28'30″$。

（4）锁定水平螺旋，调整望远镜物镜瞄准 B 线，使目镜十字中丝与 B 线相切并达到最清晰，观察读数显微镜中垂直度盘读数，例如读数为 65°08'11″，则 $\alpha_1 = 90°$ - 垂直度盘读数 $= 90° - 65°08'11″ = 24°51'49″$。

（5）调整望远镜物镜瞄准 A 线，使目镜十字中丝与 A 线相切并达到最清晰，观察读数显微镜中垂直度盘读数，例如读数为 58°26'18″，则 $\alpha_2 = 90°$ - 垂直度盘读数 $= 90° - 58°26'18″ = 31°33'42″$。

（6）求值：

$$D = KR\cos^2\theta = 100 \times (165 - 140)\cos^2 17°28'30'' = 22\ 725\ （mm）$$

$$\Delta H = D(\tan\alpha_2 - \tan\alpha_1) = 22\ 725 \times (\tan31°33'42'' - \tan24°51'49'')$$
$$= 3428.51\ （mm）$$

三、测量记录

测量记录见表 9－2。

表 9－2　　　　　　　　　　测 量 记 录 表

参数	上丝	下丝	竖盘读数 θ	B 线竖盘读数 α_1	A 线竖盘读数 α_2
测量读数					
测量公式					
计算结果					

第三节　交叉跨越测量考核评分表

交叉跨越测量考核表

姓名：_____　　　　考号：_____

单位：_____　　　　得分：_____

考核时间：15 分钟

题目	交叉跨越测量
考核要求	1. 准备工作合理 2. 正确安置经纬仪 3. 整平符合要求 4. 照准目标精确 5. 读数准确、计算无误 6. 操作流程熟练、动作规范 7. 遵守考场纪律 8. 测量方法与思路正确 9. 每超过 1 分钟扣分 2 分
测量记录及计算	

交叉跨越测量评分表

考核项目	配分	考　核　要　求	得分	备注
作业准备	5	（1）准备工器具齐全，差一种工具扣 1 分； （2）准备工器具合理，不合理一处扣 1 分		
技能操作	95	（1）经纬仪基座超出三脚架的顶面的边缘扣 2 分； （2）仪器整平超过一格扣 5 分； （3）脚旋钮没有调整到中间位置扣 2 分； （4）十字丝和目标调整不清晰扣 2～5 分； （5）塔尺读数正确。误差超过 1～2mm 一次扣 2 分，3～5 一次扣 5 分，超过 5mm 一次扣 10 分； （6）测量垂直角读数正确，误差超过仪器最小刻度一次扣 5 分； （7）自动补偿装置未打开扣 5 分； （8）三脚架开度不合适扣 5 分； （9）计算水平距离不正确扣 5～10 分； （10）计算垂直距离不正确扣 5～15 分； （11）测量方法与思路不正确扣 5～20 分		
其他扣分		出现下列行为扣负分： （1）水平制动或垂直制动螺旋未松开，转动一次水平度盘或者垂直度盘一次扣 10 分； （2）水平制动或垂直制动螺旋未松开扣 5 分； （3）自动补偿装置未关扣 5 分； （4）仪器各部旋钮操作不正当一次扣 5 分，如旋钮拧得太紧，或者旋钮到位后还用力拧旋钮； （5）三脚架未回收或仪器未正确装箱扣 10 分； （6）仪器损坏严重扣 40 分； （7）每超过时间 1 分钟扣 2 分		

开始时间：　　时　　分　　　　　结束时间：　　时　　分　　　总用时：　　分　秒

日　　期：　　　　　　　　　培训师：

第十章　弧垂观测及检查测量

第一节　弧　垂　检　查

知识目标： 掌握弧垂检查的测量方法、测量步骤及计算。

技能目标： 熟练使用经纬仪检查施工弧垂及提高测量精度，保证检查质量。

学习重点： 熟练使用经纬仪开展弧垂检查工作。

一、弧垂的定义

（1）架空线两悬挂点间连线上的任意点到架空线间的垂直距离称为该点弧垂，如图 10-1 所示。

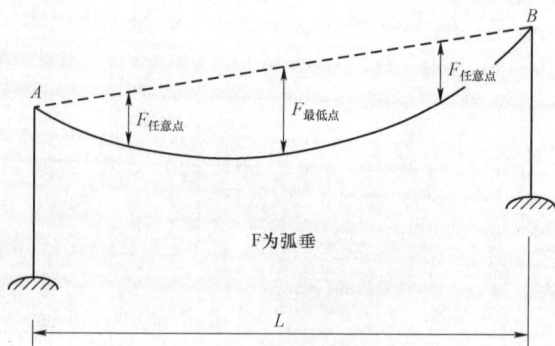

图 10-1　弧垂示意图（一）

（2）通常所说的弧垂是指架空线上的最低点到两悬挂点间的连线的垂直距离，如图 10-2 所示。

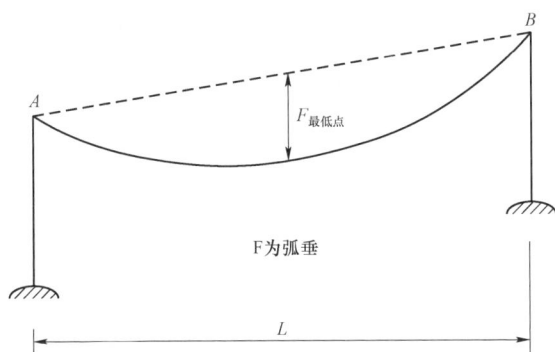

图 10-2　弧垂示意图（二）

二、弧垂检查的重要性

（1）弧垂检查要在线路验收时同步进行，检查是否与设计弧垂一致，误差是否在允许范围内，以便作为判断缺陷的依据。

（2）如实际弧垂小于设计弧垂，导线水平应力增大，会导致耐张塔水平受力不平衡，杆塔倾斜值过大，甚至是倒杆，也可能导致导、地接续管脱落，造成断线事故。

（3）如实际弧垂大于设计弧垂，会导致导线对交叉跨越物距离不够，影响交叉跨越物的安全，并对人员活动产生极大的人身安全隐患。

三、测量前的准备工作

（1）需要准备的工器具如表 10-1 所示。

表 10-1　　　　　　　　　　工　器　具　表

序号	工具名称	单位	数量	备注
1	经纬仪	台	1	
2	5m 塔尺	把	1	
3	5m 钢卷尺	把	1	
4	温度计	支	1	
5	函数计算器	台	1	
6	记号笔	支	1	

（2）测量环境要求。应在气象条件稳定时进行，雨、雾、雪和大风天气不宜进行。温度计应挂于通风处，有阳光照射时，温度计宜背向阳光，不宜直射。

（3）测量人员的能力要求。测量人员应经过专业培训，熟练使用经纬仪进行测量，并熟练弧垂检查的计算。除弧垂观测人员外，还需配备1人进行仪高等小范围辅助测量。

（4）弧垂允许偏差。紧线弧垂在挂线后应随即在该观测档检查，其允许偏差应符合《110kV～750kV架空输电线路施工及验收规范》（GB 50233—2014）表8.5.6规定。弧垂允许偏差见表10-2。

表 10-2 弧垂允许偏差

线路电压等级	110kV	220kV 及以上
紧线弧垂在挂线后	+5%，-2.5%	±2.5%
跨越通航河流的大跨越档弧垂	±1%，正偏差不应超过 1m	

（5）弧垂相对偏差。导线各相间或地线的弧垂除应满足《110kV～750kV架空输电线路施工及验收规范》（GB 50233—2014）第8.5.6条的弧垂允许偏差的规定外，弧垂的相对偏差最大值尚应符合表8.5.7的规定。弧垂相对偏差最大值见表10-3。

表 10-3 弧垂相对偏差最大值

线路电压等级	110kV	220kV 及以上
档距不大于 800m 的偏差最大值（mm）	200	300
档距大于 800m 的偏差最大值（mm）	500	

（6）观测条件。只有弧垂观测档 a/f 在 0.25～2.25 时，才能使用经纬仪进行弧垂检查，其中 a 为经纬仪中心到本基塔架空线悬挂点的垂直距离（m），f 为观测档弧垂（m）。

（7）档距 L 的测量。测站和测点的塔型选择。

1）测站：经纬仪架设的塔位，可选择任何塔型。

2）测点：对侧塔位，由于在实际档距测量时都是依据对侧杆塔的横担宽度来计算，所以不宜选择对侧为耐张转角塔的线档作观测档。

图 10-3 所示计算出的档距是用半横担长度和对应水平夹角通过三角函数计算的，该值其实是一个倾斜值（斜边 L'），见图 10-4，所以实际使用档距 L 还要根据经纬仪与测点横担高度再进行一次三角函数计算，计算式为

$$L = L' \times \cos\theta$$

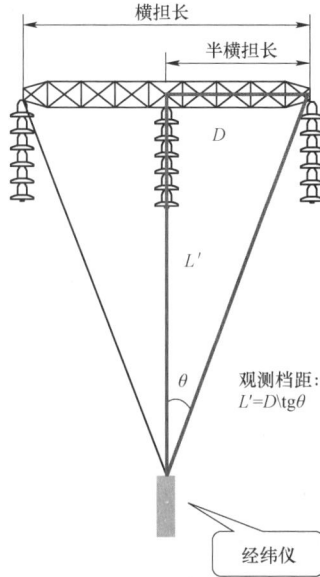

图 10-3　横担长/半横担长示意图

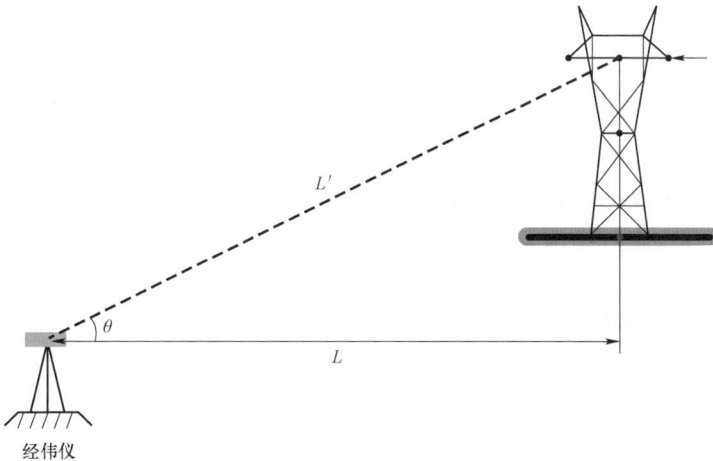

图 10-4　档距计算示意图

89

《110kV～750kV 架空输电线路施工及验收规范》（GB 50233—2014）4.0.6－2 规定：杆塔位中心桩或直线桩的桩间距离相对设计值的偏差不得大于 1%。

四、测量步骤

（1）架设经纬仪。基本架设在塔基中心即可，可以根据需要横线路左右适当移动，但不得顺线路移动。

（2）档距测量。实际在线路上测量时，可以通过半横担宽度和对应水平夹角来计算，也可以在测点塔位中心立塔尺来测量，实测档距相对设计档距偏差不得大于 1%。

（3）仪高 i 测量。仪高 i 是指经纬仪中心到最低腿基础顶面之间的垂直距离。

（4）a 值计算。a 值是指经纬仪中心到本基塔架空线悬挂点的垂直距离，$a=$ 架空线悬挂点高度－绝缘子串长－仪高。

（5）设计弧垂计算。根据实测档距，计算出设计弧垂 f'。

（6）确认弧垂观测档 a/f 为 0.25～2.25 时，才能使用经纬仪继续进行弧垂检查测量。

（7）架空线弧垂点切角 θ 测量。

1）架空线悬挂点切角 β 测量。

2）将以上测量数据带入弧垂检查计算公式

$$f = 0.25 \times [\sqrt{(a)} + \sqrt{L \times (\tan\beta - \tan\theta)}]^2$$

3）将实测弧垂 f 与设计弧垂 f' 对比，计算出弧垂误差值，并判定是否超标。

（8）收经纬仪，至此弧垂检查测量工作完成。

五、弧垂检查的两种计算方法

（1）弧垂检查计算公式一，即

$$f = 0.25 \times [\sqrt{(a)} + \sqrt{(a - L\tan\theta \pm \mathrm{h})}]^2$$

$$f = 0.25 \times [\sqrt{(a)} + \sqrt{a - L \times \tan\theta + (L \times \tan(90° - \beta) - a)}]^2$$

弧垂检查计算示意图如图 10－5 所示，相关参数和名词解释如下：

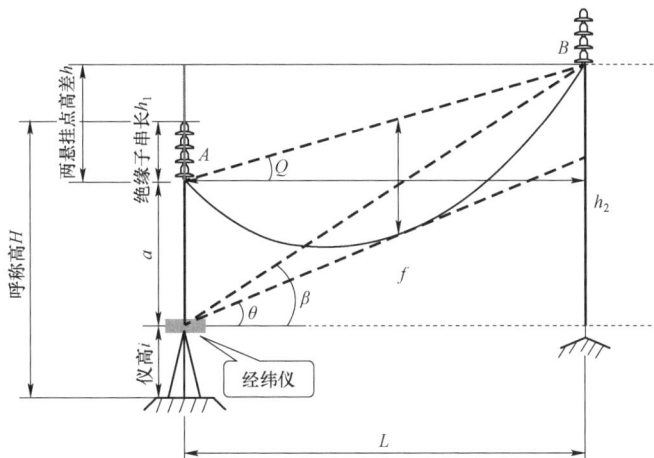

图 10－5 弧垂检查计算示意图

a 为经纬仪中心到本基塔架空线悬挂点的垂直距离（m），$a=$架空线悬挂点高度—绝缘子串长—仪高；

L 为观测档档距（m）；

f 为观测档弧垂（m）；

H 为呼称高（m）；

h 为两悬挂点高差（m）；

Q 为两悬挂点高差角；

h_1 为绝缘子串长（m）；

θ 为架空线弧垂点的切角；

β 为架空线悬挂点的切角。

呼称高：导线最下层横担到最低腿基础顶面之间的垂直距离。

仪高 i：经纬仪中心到最低腿基础顶面之间的垂直距离。

$$tgQ = h/L$$
$$Q = tg^{-1}(h/L) = tg^{-1}\{[L \times tg(90° - \beta) - a]/L\}$$

$90° - \beta$ 解释如下：用正镜观测，例如垂直角读数为 $80°$，β 的实际垂直角为 $90° - 80° = +10°$，仰角。垂直角读数为 $100°$，β 的实际垂直角为 $90° - 100° =$

91

$-10°$，俯角。

[计算示例] 500kV 德宏博尚 I 回线 491－492 号塔，已知：$a = 36.68\text{m}$、$L = 718\text{m}$、$\theta = 88°17'45''$、$\beta = 85°41'25''$，请结合上述参数计算弧垂。

解：根据弧垂计算检查公式一

$$f = 0.25 \times \left(\sqrt{a} + \sqrt{a - L \tan \theta \pm h} \right)^2$$

$$f = 0.25 \times \left(\sqrt{a} + \sqrt{a - L \times \tan \theta + [L \times \tan(90° - \beta) - a]} \right)^2$$

代入已知条件得出

$$f = 34.69 \ (\text{m})$$

紧线弧垂在挂线后应随即在该观测档检查，其允许偏差应符合《110kV～750kV 架空输电线路施工及验收规范》（GB 50233—2014）表 8.5.6 规定。弧垂允许偏差见表 10－2。

设计弧垂：34.08m（通过查阅图纸资料，得出设计弧垂）；

实测弧垂：34.69m；

弧垂差值：34.69 － 34.08 ＝ ＋0.61 （m）；

弧垂误差为 ＋0.61/34.08 ＝ ＋1.8%；

因 －2.5% ＜ ＋1.8% ＜ ＋2.5%，所以判定为合格。

注：如实测弧垂略大于设计弧垂 ＋2.5%，但该耐张段中的交叉跨越距离满足要求，则不需要进行弧垂调整。

（2）弧垂检查计算公式二，即

$$f = 0.25 \times \left(\sqrt{a} + \sqrt{L \times (\tan \beta - \tan \theta)} \right)^2$$

$$f = 0.25 \times \left(\sqrt{a} + \sqrt{L \times (\tan(90° - \beta) - \tan(90° - \theta))} \right)^2$$

弧垂检查计算公式二比公式一简单，计算更方便，推荐使用公式二。

用公式二计算（1）中的 [计算示例] 如下

$$f = 0.25 \times \left(\sqrt{a} + \sqrt{L \times (\tan \beta - \tan \theta)} \right)^2$$

$$f = 0.25 \times \left(\sqrt{a} + \sqrt{L \times [\tan(90° - \beta) - \tan(90° - \theta)]} \right)^2$$

得出

$$f = 34.69 （m）$$

设计弧垂：34.08m（通过查阅图纸资料，得出设计弧垂）；

实测弧垂：34.69m；

弧垂差值：34.69 − 34.08 = ＋0.61（m）；

弧垂误差为＋0.61/34.08 = ＋1.8%；

因 − 2.5%＜＋1.8%＜＋2.5%，所以判定为合格。

注：如实测弧垂略大于设计弧垂＋2.5%，但该耐张段中的交叉跨越距离满足要求，则不需要进行弧垂调整。

第二节 角度法弧垂观测

知识目标：掌握角度法观测施工弧垂的测量方法、测量步骤及计算。

技能目标：熟练使用经纬仪观测施工弧垂及提高观测精度，保证施工质量。

学习重点：熟练使用经纬仪观测施工弧垂。

一、基本知识

（1）角度法的概念。角度法观测弧垂是指用观测架空线弧垂的角度以替代观测垂直距离，实现用经纬仪在地面直接控制架空线的弧垂。

（2）角度法的优点。对于大档距，用目视或望远镜观测架空线弧垂切点比较模糊，用经纬仪比较清晰，观测比较准确。角度法可直接在地面观测，比较安全方便。

（3）弧垂观测条件。只有弧垂观测档 a/f 为 0.25～2.25 时，才能使用经纬仪进行弧垂观测，其中 a 为经纬仪中心到本基塔架空线悬挂点的垂直距离（m），

f 为观测档弧垂（m）。

（4）角度法观测方法选择。采用角度法观测弧垂，由于经纬仪摆放位置的不同，分为四种情况：

1）档端角度法；

2）档内角度法；

3）档外角度法；

4）隔档观测法。

本节重点介绍档端角度法的测量步骤、方法及计算等。

二、弧垂观测档的选择

（1）弧垂观测档的选择应符合下列规定：

1）紧线段在 5 档及以下时靠近中间选择一档；

2）紧线段在 6～12 档时靠近两端各选择一档；

3）紧线段在 12 档以上时靠近两端及中间各选择一档；

4）观测档宜选档距较大和悬挂点高差较小及接近代表档距的线档；

5）弧垂观测档的数量可以根据现场条件适当增加，但不得减少。

（2）弧垂观测档的选择还应兼顾下列要求：

1）观测档位置应分布比较均匀，相邻观测档间距不宜超过 4 个线档。

2）观测档应具有代表性。如连续倾斜档的高处和低处、较高悬挂点的前后两侧、相邻紧线段的结合处、重要跨越物附近的线档应设观测档。

3）实际档距测量时，都是依据对侧杆塔的横担宽度来计算，所以不宜选择对侧为耐张转角塔的线档作观测档。

三、降温补偿的规定

观测档弧垂计算的依据是设计单位提供的导（地）线安装应力曲线或百米档距弧垂曲线图，降温补偿存在以下两种情况：

第一种情况：曲线图已按降温补偿法考虑了架空线受到张力后产生的塑性伸长和蠕变伸长（简称为初伸长）的影响。对此情况，在计算观测弧垂时不再考虑初伸长的影响。

第二种情况：曲线图未考虑初伸长的影响。查应力曲线图时应注意设计的说明，弧垂计算时应考虑降温，一般情况下，钢芯铝绞线降温为20℃，钢绞线为10℃。

四、弧垂观测温度的要求

（1）观测弧垂的实测温度应能代表导（地）线的温度，目前仍以测量导（地）线附近的空气温度代替导（地）线温度的方法。非张力架线时，观测弧垂的温度在观测档内实测或采用几个观测档实测值的平均数。张力架线时，观测弧垂的温度以各观测档和紧线场气温的平均数为依据。

（2）观测弧垂的气温相差不超过±2.5℃时，其弧垂值可不作调整。

（3）弧垂达到设计值后，弧垂观测人员应迅速、准确通知紧线指挥人停止紧线。弧垂观测人员应等待 5～10min 待弧垂不再发生变化后再进行观测，以判定是否符合设计及规范要求。

（4）挂线后必须再复测一次，符合设计及规范要求后，作好记录，填写弧垂观测记录表。

五、测量前的准备工作

（1）需要准备的工器具如表 10-4 所示。

表 10-4　　　　　　　　　工　器　具　表

序号	工具名称	单位	数量	备注
1	经纬仪	台	1	
2	5m 塔尺	把	1	
3	5m 钢卷尺	把	1	
4	温度计	支	1	
5	函数计算器	台	1	
6	记号笔	支	1	

（2）测量环境要求。应在气象条件稳定时进行，雨、雾、雪和大风天气不宜进行。温度计应挂于通风处，有阳光照射时，温度计宜背向阳光，不宜直射。

（3）测量人员的能力要求。测量人员应经过专业培训，熟练使用经纬仪进行测量，并熟练弧垂观测的计算。除弧垂观测人员外，还需配备 1 人进行仪高等小范围辅助测量。

六、测量步骤

（1）档距测量。实际在线路上测量时，可以通过半横担宽度和对应水平夹角来计算，也可以在测点塔位中心立塔尺来测量，实测档距相对设计档距偏差不得大于 1%。

（2）仪高 i 测量。仪高 i 是指经纬仪中心到最低腿基础顶面之间的垂直距离。

（3）a 值计算。a 值是指经纬仪中心到本基塔架空线悬挂点的垂直距离，a＝架空线悬挂点高度－绝缘子串长－仪高。

（4）设计弧垂计算。根据实测档距，计算出设计弧垂 f'。

（5）确认弧垂观测档 a/f 为 0.25～2.25 时，才能使用经纬仪继续进行弧垂观测。

（6）架空线悬挂点切角 θ 测量。

$$\theta = \tan^{-1}\left[\tan\beta - \frac{(2\sqrt{f} - \sqrt{a})^2}{L}\right]$$

（7）将以上测量数据带入弧垂观测计算公式。

（8）将经纬仪垂直角调整至观测角 θ，通知开始紧线。

（9）当架空线弧垂点到达观测角 θ 时，通知停止紧线。

（10）待架空线稳定后，直线塔、耐张塔画印。

（11）耐张塔平衡挂线，挂好线后还要再次检查架空线弧垂是否超标。如弧垂超标，则需要调整，如符合规范要求，则弧垂观测工作完成。

七、弧垂观测的方法及计算

弧垂观测一般使用档端、档内、档外角度法（见图 10-6），还有一种方法是隔档观测法。四种方法中，应优先使用档端角度法。因为档端角度法的经纬仪架设在观测档一端的杆塔中心处，观测方便，计算相对简单。只有在档端角度法不能使用的情况下，才选择其他方法。例如在实际施工中经常遇到前方有小山包、大石头、树木等障碍物遮挡，这时就可以把经纬仪向档内移动一段距离采用档内角度法，或者向档外高的地方移动一段距离采用档外角度法，又或者使用隔档观测法。

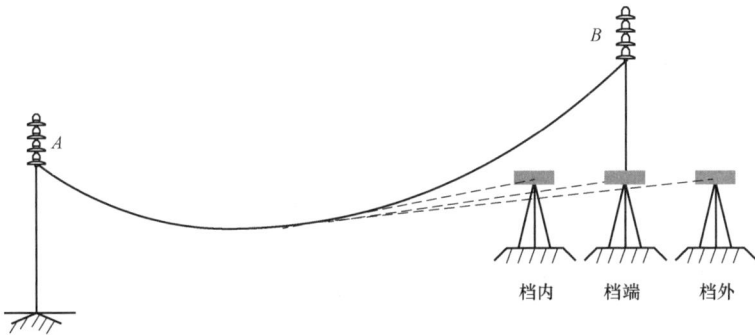

图 10-6 档端、档内、档外角度法示意图

（1）档端角度法。档端角度法观测见图 10-7。

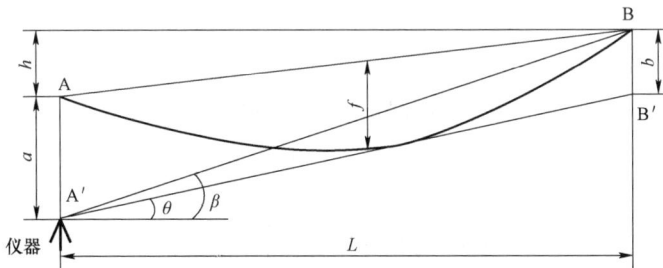

图 10-7 档端角度法示意图

计算公式为

$$\theta = \tan^{-1}\frac{a - b \pm h}{L}$$

$$\theta = \tan^{-1}\left(\frac{4\sqrt{a \times f} - 4f \pm h}{L}\right)$$

$$\theta = \tan^{-1}\left[\tan\beta - \frac{(2\sqrt{f} - \sqrt{a})^2}{L}\right]$$

式中　θ——弧垂观测角；

　　　β——线夹（滑车）处观测角；

　　　L——观测档档距；

　　　f——观测档弧垂；

　　　H——两侧架空线悬挂点高差，对侧高取"+"，对侧低取"–"；

　　　a——测站架空线悬挂点到经纬仪中心的垂直距离；

　　　b——测点架空线悬挂点到弧垂观测角之间的垂直距离。

（2）档内角度法。档内角度法观测见图 10－8。

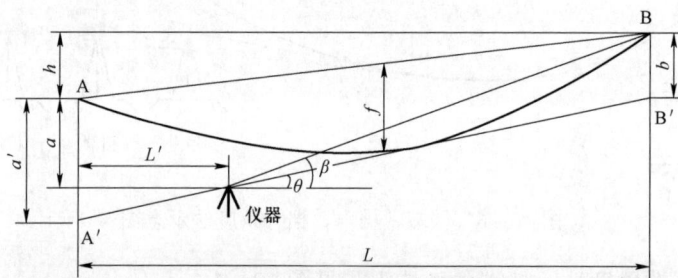

图 10－8　档内角度法示意图

计算公式为

$$\theta = \tan^{-1}(-a/2 + \sqrt{(a/2)^2 - b})$$

其中

$$a = \frac{2}{L}\left(4f - h - \frac{8fL'}{L}\right)$$

$$b = \frac{1}{L^2}[(4f - h)^2 - 16af]$$

式中　θ——弧垂观测角；

　　　β——线夹（滑车）处观测角；

L'——档内外经纬仪位移的距离（档内取正、档外取负）；

L——观测档档距；

f——观测档弧垂；

h——两侧架空线悬挂点高差，对侧高取"+"，对侧低取"–"；

a——测站架空线悬挂点到经纬仪中心的垂直距离；

b——测点架空线悬挂点到弧垂观测角之间的垂直距离。

（3）档外角度法。档外角度法观测见图10-9。

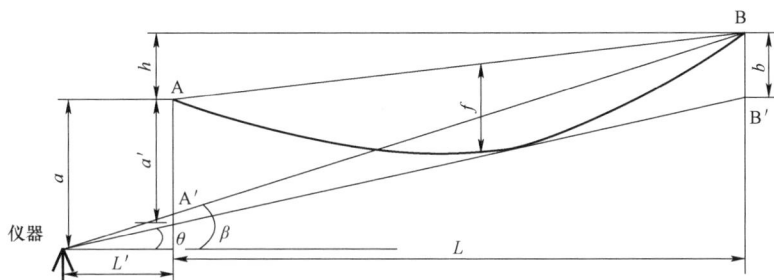

图 10-9 档外角度法示意图

计算公式为

$$\theta = \tan^{-1}[-a/2 + \sqrt{(a/2)^2 - b}]$$

其中

$$a = \frac{2}{L}\left(4f - h + \frac{8fL'}{L}\right)$$

$$b = \frac{1}{L^2}[(4f - h)^2 - 16af]$$

式中 θ——弧垂观测角；

β——线夹（滑车）处观测角；

L'——档内外经纬仪位移的距离（档内取正、档外取负）；

L——观测档档距；

f——观测档弧垂；

h——两侧架空线悬挂点高差，对侧高取"+"，对侧低取"–"；

a——测站架空线悬挂点到经纬仪中心的垂直距离；

b ——测点架空线悬挂点到弧垂观测角之间的垂直距离。

（4）隔档观测法。隔档观测法观测见图 10-10。

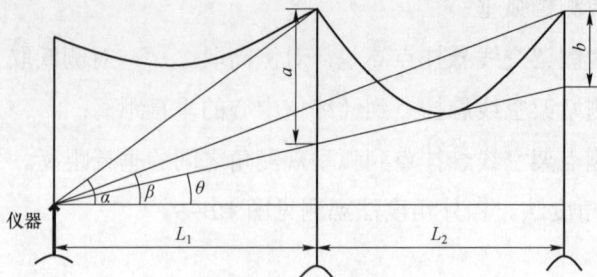

图 10-10　隔档观测法示意图

计算公式为

$$f = \frac{1}{4}(\sqrt{a} + \sqrt{b})^2$$

$$f = \frac{1}{4}\left[\sqrt{L_1 \times (\tan a - \tan\theta)} + \sqrt{(L_1 + L_2) \times (\tan\beta - \tan\theta)}\right]^2$$

式中　θ ——弧垂观测角；

　　α ——近悬挂点线夹（滑车）处观测角；

　　β ——远悬挂点线夹（滑车）处观测角；

L_1、L_2 ——档距；

　　f ——观测档弧垂；

　　a ——近悬挂点到弧垂观测角之间的垂直距离；

　　b ——远悬挂点到弧垂观测角之间的垂直距离。

第三节　等长法弧垂观测

知识目标：掌握等长法观测施工弧垂的测量方法、测量步骤及计算。

技能目标：熟练使用望远镜观测施工弧垂及提高观测精度，保证施工质量。

学习重点：熟练使用望远镜观测施工弧垂。

一、基本知识

等长法又称平行四边形法，是较常用的观测方法，也是最准确的观测方法，在条件许可时，应优先使用等长法。等长法示意图见图 10-11。

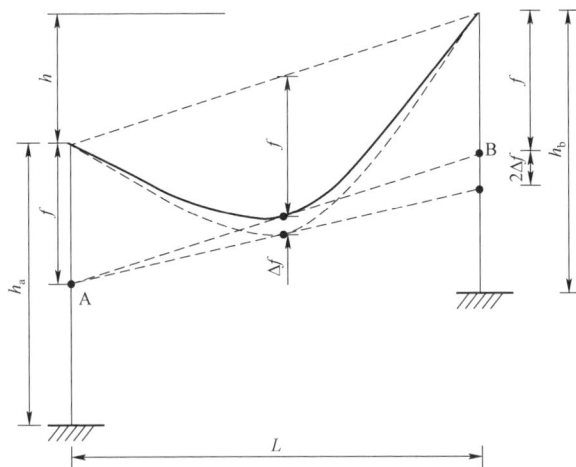

图 10-11 等长法示意图

图 10-11 中：

h 为两侧架空线悬挂点高差，对侧高取"+"，对侧低取"-"；

L 为观测档档距；

f 为观测档弧垂；

Δf 为因气温变化观测档弧垂的变化值（m）；

h_a 为测站架空线悬挂点至基础顶面的垂直距离，也就是测站的 a 值（m）；

h_b 为测点架空线悬挂点至基础顶面的垂直距离，也就是测点的 a 值（m）。

二、观测条件

选用等长法观测弧垂应满足 $h<20\%L$ 要求。

在实际施工中，等长法观测弧垂主要用在一些档距较小，弧垂较小，不能使用经纬仪观测的线档中使用。

三、测量前的准备工作

（1）工器具如表 10-5 所示。

表 10-5 工 器 具 表

序号	工具名称	单位	数量	备 注
1	望远镜	台	1	
2	30m 皮尺	把	1	
3	5m 钢卷尺	把	1	
4	温度计	支	1	
5	记号笔	支	1	

（2）测量环境要求。应在气象条件稳定时进行，雨、雾、雪和大风天气不宜进行。温度计应挂于通风处，有阳光照射时，温度计宜背向阳光，不宜直射。

（3）测量人员的能力要求。由于等长法需要登塔在高空观测弧垂，所以观测人员应具备相应的高空作业能力和高处作业证。除弧垂观测人员外，对侧杆塔也需要配备人员绑扎和调整弧垂板。

四、测量步骤

（1）计算出弧垂值。

（2）在观测档的两杆塔上绑扎弧垂板。

（3）弧垂观测人员使用望远镜，利用三点一线的原理观测弧垂。

（4）当架空线弧垂点到达三点一线位置时，通知停止紧线。

（5）待架空线稳定后，直线塔、耐张塔画印。

（6）耐张塔平衡挂线，挂好线后还要再次检查架空线弧垂是否超标。如弧垂超标，则需要调整，如符合规范要求，则弧垂观测工作完成。

五、弧垂观测的方法及计算

等长法观测方法计算示意图见图 10-12。

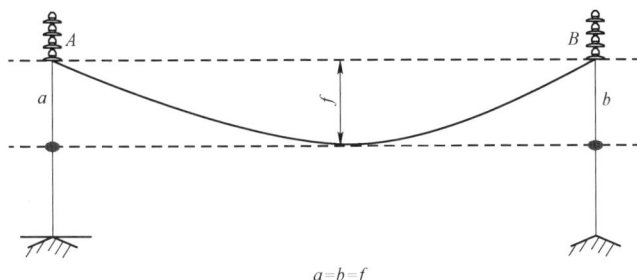

$$a=b=f$$

图 10-12 等长法观测方法计算示意图

等长法方便、简单，可目视观测或用望远镜观测，没有复杂的测量和计算，只要知道弧垂值，不会使用经纬仪的人也可以进行弧垂观测。

在观测档相邻两杆塔上，由架空线悬挂点 A、B 处各向下量距离 f 绑扎弧垂板，然后在测站端的弧垂板处直接用目视观测或用望远镜观测。

如果气温变化超过 10℃时，应重新绑扎弧垂板。

观测弧垂时，使两弧垂板上平面的连线与架空线最低点相切，即达到设计要求。

气温变化时的弧垂调整：在测量导（地）线弧垂时，若气温变化导致架空线弧垂发生变化，此时应调整观测的弧垂值。

其方法是保持测点端弧垂板不动，在测站端调整弧垂板：当气温升高时，应将弧垂板向下移一小段距离 Δa；当气温降低时，应将弧垂板向上移一小段距离 Δa，Δa 值为

$$\Delta a = 2\Delta f$$

式中 Δa——测站端因气温变化而应上下移动的距离，m；

Δf——因气温变化观测档弧垂的变化值，m。

当气温变化不超过 ±10℃，可按上式进行弧垂调整。当气温变化超过 ±10℃时，应将弧垂板按气温变化后的弧垂重新绑扎。

第四节　异长法弧垂观测

> **知识目标：**掌握异长法观测施工弧垂的测量方法、测量步骤及计算。
>
> **技能目标：**熟练使用望远镜观测施工弧垂及提高观测精度，保证施工质量。
>
> **学习重点：**熟练使用望远镜观测施工弧垂。

一、基本知识

异长法适用于观测档内两杆塔高度不等，且弧垂最低点不低于两杆塔基部连线的情况。

如图 10-13 所示，所谓异长法，即观测档两端弧垂板绑扎位置不等高进行弧垂观测。异长法有一个好处就是观测条件满足，可在地面上观测弧垂。

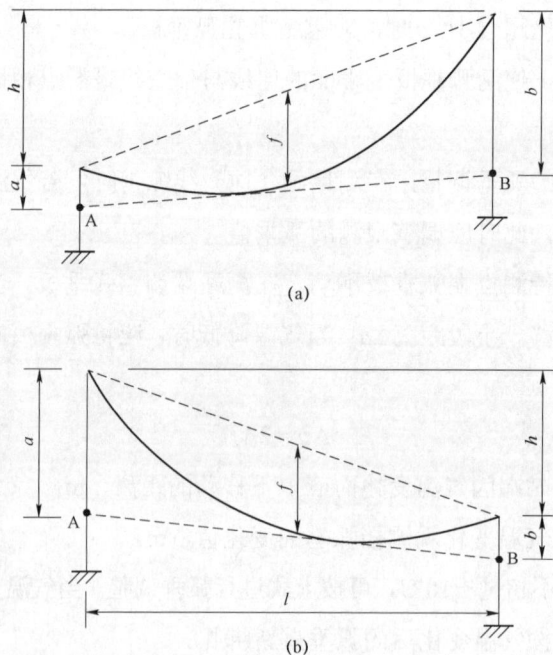

(a)

(b)

图 10-13　测站端在悬挂点高侧

二、观测条件

当 $h/L < 0.17$ 时，即两悬挂点高差角 $Q < 10°$ 时，在观测端选定一适当的 a 值，根据公式 $\sqrt{a} + \sqrt{b} = 2\sqrt{f}$ 确定 b 值，在两侧杆塔绑弧垂板，用望远镜观测即可。

在选用 a、b 值时，应注意两数值相差不能过大，通常推荐 a、b 比值 $2\sim3$ 倍为宜，切点的水平位置选在 $L/4 \sim L/3$ 的范围。

三、测量前的准备工作

（1）工器具如表 10-6 所示。

表 10-6 工 器 具 表

序号	工具名称	单位	数量	备注
1	望远镜	台	1	
2	30m 皮尺	把	1	
3	5m 钢卷尺	把	1	
4	温度计	支	1	
5	记号笔	支	1	

（2）测量环境要求。应在气象条件稳定时进行，雨、雾、雪和大风天气不宜进行。温度计应挂于通风处，有阳光照射时，温度计宜背向阳光，不宜直射。

（3）测量人员的能力要求。由于异长法需要登塔在高空观测弧垂，所以观测人员应具备相应的高空作业能力和高处作业证。除弧垂观测人员外，对侧杆塔也需要配备人员绑扎和调整弧垂板。

四、测量步骤

（1）计算出弧垂值和 a、b 值。

（2）在观测档的两杆塔上绑扎弧垂板。

（3）弧垂观测人员使用望远镜，利用三点一线的原理观测弧垂。

（4）当架空线弧垂点到达三点一线位置时，通知停止紧线。

（5）待架空线稳定后，直线塔、耐张塔画印。

（6）耐张塔平衡挂线，挂好线后还要再次检查架空线弧垂是否超标。如弧垂超标，则需要调整，如符合规范要求，则弧垂观测工作完成。

第五节　高空测量辅助平台观测弧垂

知识目标：掌握档端角度法观测弧垂的方法、高空测量辅助平台测量观测弧垂的步骤及计算。

技能目标：熟练在铁塔上安置高空测量辅助平台，并利用经纬仪在平台上进行档端角度法观测弧垂及计算。

学习重点：熟练使用经纬仪配合高空测量辅助平台观测输配电线路任意一档的弧垂。

一、档端角度法弧垂观测示意图及计算公式

（1）档端角度法弧垂观测示意图如图 10-14 所示。

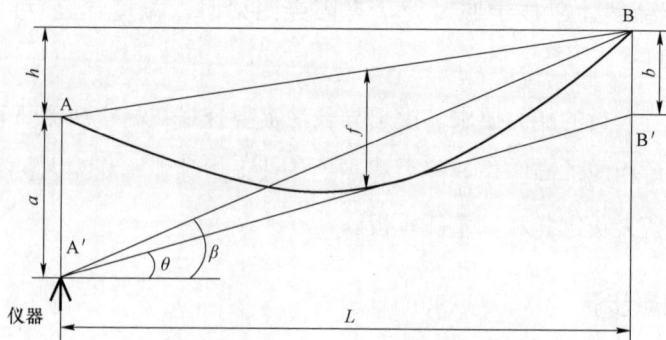

图 10-14　档端角度法弧垂观测示意图

（2）档端角度法弧垂观测计算公式为

$$f = \frac{1}{4}[\sqrt{a} + \sqrt{L(\tan\beta - \tan\theta)}]^2$$

二、适用范围及应用条件

（1）当 $a/f = 4$ 时，则 b 值为 0。因此，当 $a/f \geqslant 4$ 时，不能用档端角度法。

（2）当观测档位于树林密集区或有遮挡物，也不能用档端角度法。

三、高空测量辅助平台

（1）高空测量辅助平台是一款适用于复杂地形地貌，配合仪器测量输电线路弧垂数值的辅助工具，它彻底解决了树林密集区或有遮挡物，不能用档端角度法观测弧垂的问题，也解决了当 $a/f \geqslant 4$ 时，不能用档端角度法观测弧垂的问题，由基础支座、方向调整支座、平衡调整支座三个部分构成，如图 10-15 所示。

（2）工作原理：通过基础支座将平台牢固的固定在铁塔的任意位置，通过平衡调整支座上面的构件将经纬仪与平台连接，再通过方向调整支座和平衡调整支座调整经纬仪的朝向和平衡，使经纬仪达到合适的状态。

图 10-15　高空测量辅助平台安装示意图

（3）操作步骤。

1）攀登铁塔至合适高度，在铁塔上选定适合测量的位置固定平台，通过转动基础支座上的压紧螺栓使平台固定在铁塔的任意方向的角钢上；

2）通过升降调节螺旋调整高空测量辅助平台的高低；

3）分别调节 X、Y、Z 轴方向上的螺旋来调整高空测量辅助平台的位置及粗平；

4）通过面板上的连接螺栓将经纬仪与平台连接牢固，并再次调整经纬仪精平；

5）根据档端角度法观测弧垂的方法进行观测、记录；

6）下塔，整理观测数据并计算。

第六节　弧垂观测及检查测量考核评分表

弧垂观测及检查测量考核表

姓名：_____　　考号：_____

单位：_____　　得分：_____

考核时间：40 分钟

题目	弧垂观测及检查测量
考核要求	1. 准备工作合理 2. 正确安置经纬仪 3. 整平符合要求 4. 照准目标精确 5. 读数准确、计算无误 6. 操作流程熟练、动作规范 7. 遵守考场纪律 8. 测量方法与思路正确 9. 每超过 1 分钟扣分 2 分
测量记录及计算	

弧垂观测及检查测量评分表

考核项目	配分	考　核　要　求	得分	备注
作业准备	5	（1）准备工器具齐全，差一种工具扣 1 分； （2）准备工器具合理，不合理一处扣 1 分		
技能操作	95	（1）三脚架开度不合适扣 5 分，经纬仪基座超出三脚架的顶面的边缘扣 2 分； （2）圆水准气泡调整不符合要求扣 4 分，管水准气泡调整不符合要求扣 4 分； （3）脚旋钮没有调整到中间位置扣 2 分； （4）角度法观测弧垂时瞄点目标不准确一次扣 2～10 分； （5）观测档距测量不正确扣 10 分； （6）测量架空线悬挂点到经纬仪中心的垂直距离不正确扣 10 分； （7）导地线观测角读数及计算不正确扣 10 分； （8）弧垂计算公式、计算结果不正确扣 20 分； （9）等长法、异长法、高空测量平台观测及检查弧垂登塔前检查安全带不检查扣 5 分，登塔前不冲击安全带扣 5 分，上下杆塔及高空作业不得失去安全带保护，失保一次扣 20 分，失保两次取消考试成绩； （10）等长法、异长法观测时 a、b 值计算不正确扣 20 分，弧垂板绑扎位置不准确扣 10 分； （11）高空测量平台观测及检查弧垂时，平台安置位置不合理、固定不牢固扣 5 分，仪器与平台连接不牢固扣 5 分，高空坠物出现一次扣 10 分，平台或仪器掉落取消考试成绩； （12）测量方法与思路不正确扣 5～20 分，弧垂观测误差符合规范要求，不符合扣 20 分		
其他扣分		出现下列行为扣负分： （1）水平制动或垂直制动螺旋未松开，转动一次水平度盘或者垂直度盘一次扣 10 分； （2）水平制动或垂直制动螺旋未松开扣 5 分； （3）自动补偿装置未关扣 5 分； （4）仪器各部旋钮操作不正当一次扣 5 分，如旋钮拧得太紧，或者旋钮到位后还用力拧旋钮； （5）三脚架未回收或仪器未正确装箱扣 10 分； （6）仪器损坏严重扣 40 分； （7）场地未清理干净扣 5 分； （8）每超时 1 分钟扣 2 分		

开始时间：　　时　　分　　　　结束时间：　　时　　分　　　　总用时：　　分　秒

日　　期：　　　　　　　　培训师：